Everything You Need to Know About

[英]丹尼尔·塔塔尔斯基 —— 著　[英]史蒂夫·罗素 —— 绘

陈冰格　邢艳梅 —— 译

后浪

关于世界的一切

浙江科学技术出版社

Everything You Need to Know About

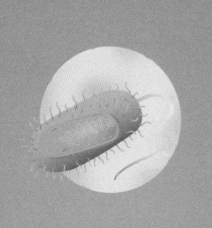

事情应该力求简单，

不过不能过于简单

爱因斯坦（1879—1955）

前　言

本书的内容何以配得上它宏大的书名《关于世界的一切》

开门见山地说，写这本书的用意不是帮你寻找钥匙（可能钥匙就挂在门上），不是向你解释为什么你的初恋女友抛弃了你（或许对于你来说是好事），也不是回答为什么那些很美味的食物却是很不健康的（尽管我们对此往往不以为然）。这本书试图呈现地球、地球之外的宇宙以及一些独特奇妙的生物和非生物。

调查发现，人们看艺术展时，读艺术作品的说明文字花费的时间是欣赏艺术作品所花时间的3倍多。更深入的研究表明，视觉信息比文字信息能更快速地保留在我们的长期记忆中。这两条研究结论乍一看是矛盾的，但稍做思考后，你会发现它们是能互相证明的。

大脑能够"照相"、记下图像，甚至迅速理解图像，但是记住文字需要一个过程，需要花费时间去消化和吸收。如果我们想调用大脑的信息，相对图像来说，文字要求大脑去做更多的工作。实际上，人们阅读时常常在头脑中把信息转化成图片，如果非常有趣的话，能很快记住它。所以，看《蒙娜丽莎》的时候，我们不需要盯着她看几小时才能记住她神秘的微笑（只需要几秒），但是要记住细节——谁画的（天哪，你是知道的），画家生于何年，以及创作用了多长时间——则需要花费更多的时间。

我们在本书中使用的正是图文并茂的"二分法"！每一页中的重要信息都附有图表来解释说明，可谓是利用了一切可以利用的生动方式来呈现。只要扫一眼图解，读者就能领会其核心内容，同时它还可以帮助大脑快速反应，继而把信息"归档"，当你下次交流需要用到它的时候能轻易调用，比如原子。定义一旦被附上统计图表、时间轴和图形，人们就会很乐意去读，大脑由此也能获得一张更大的"图片"。

这本书是写给我们之中的那些极客的，他们想知道究竟有多少人讲汉语！这本书也是写给那些大孩子的，他们想弄明白世界上最大的恐龙是什么（究竟有多大！）。与此同时，这本书还是写给那些历史迷的，他们可能想知道斐迪南大公究竟是哪天被暗杀的，又是哪些小事一步步引发了第一次世界大战。

这本书从宇宙大爆炸一直讲到21世纪。它涉及很多方面，有许多令人激动的事情在等待我们探索，所以我们最好现在就开始阅读吧……

我们希望本书可以激励你走得更远，做更多的探究，甚至发现那些不只是"该知道的事儿"。

目 录

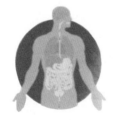

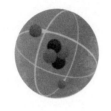

第 1 章

时间与空间

1.1 宇宙大爆炸之前

直到最近，科学家们依然认为宇宙大爆炸之前什么都不存在——所以，这一页的内容基本上是空白。

然而，伴随着爱因斯坦发表广义相对论（1915），以及科学辩论的最新进展（尤其是量子力学），无数的理论应运而生，都在探讨大爆炸之前的宇宙究竟是什么样子。遗憾的是，由于篇幅有限，我们不能展开详述这个问题。况且，这真是我们能说清楚的事情吗？

我们只是确知这个小小的黑点代表着整个宇宙，包含着我们应该知道的一切，而且它会急剧膨胀。

（别测量它的大小）

1.2　宇宙大爆炸

宇宙大爆炸，或者说鸿蒙初辟，发生在大约137亿年前[1]。很多人和我们一样望文生义地认为，所谓宇宙大爆炸就是一场规模巨大、威力无边的大爆炸。然而，并非如此。实际上，它是物质、能量和气体的急剧膨胀。今天的宇宙还在持续膨胀，而这正是大爆炸理论模型建立的前提。而且，科学家们根据宇宙的这种膨胀现象，计算出了宇宙生命开始的时间，但是这种计算的误差往往是几百万年。

许多人忘记了宇宙大爆炸仅仅是一个理论，一个截至目前流传最广、被人们普遍接受的理论。关于宇宙是如何形成的，目前所掌握的那些有力证据也能支持其他很多理论，当然也包括一神或多神创世学说。

延伸阅读

普遍认为，"大爆炸"这一说法是弗雷德·霍伊尔爵士在1949年首先提出的。他很不赞同宇宙大爆炸理论。与此相反，霍伊尔主张稳恒态理论，于是他用"大爆炸"这个词来命名自己不能苟同的理论。

1. 最新的研究认为，宇宙大爆炸发生在138亿年前。——编者注

1.3 鸿蒙初辟

按照世界上六大宗教的说法，宇宙究竟是怎样产生的？

几乎每一种宗教经典都记载着关于宇宙的理论。有一个高高在上的存在，即造物主，这是所有教义的共同之处。既然科学给我们提供了有关宇宙大爆炸的证据，以及有关我们存在和进化的其他解释，那么你或许会因此觉得宗教就该认输了。实际上并非如此，信仰仍然是一股强大的力量。

许多宗教的教义当中都有关于宇宙初始的观点。

基督教 ✝

起初，神创造天地。地是空虚混沌，渊面黑暗。神的灵运行在水面上。神说要有光，就有了光。
——《圣经·创世记》

佛教 ☸

信奉佛教的人们，即佛教徒，他们相信进化论，并没有什么关于宇宙生成的理论。[1]

延伸阅读

绝地教，建立在对电影《星球大战》中的绝地武士的信仰之上，并于2001年得到了英国官方认可。目前在英国已经有超过40万信徒。

1.佛教有宇宙结构论等理论。——编者注

印度教

在婆罗门出生的时候，他发出
第一个声音"唵"，此时万物开
始繁衍生息。
——《薄伽梵歌》

锡克教

一个无所不在的造物神，他的名
字叫作真理。他是人格化的造物
主，没有恐惧，没有仇恨。他是
一个永恒的形象。他无所谓生，
乃自在之物。
——《古鲁·格兰特·萨希卜》

伊斯兰教

他已为你们创造了大地上的一切
事物，复经营诸天，完成了七层
天。他对于万物是全知的。
——《古兰经·黄牛章》

犹太教 ✡

起初，神创造天地。地是空虚混沌。
渊面黑暗神的灵运行在水面上。
神说要有光，就有了光。
——《摩西五经·创世记》

7

1.4 宇宙的构成

能量守恒定律表明物质不生不灭，只能转换形式。究其实质，这一理论意味着，宇宙中既存的一切早已存在，并将永远存在。

问题是，我们现在知道，自从宇宙大爆炸以来，宇宙一直在持续扩张。这就说明作为宇宙组成部分的暗物质一直在增长，而且还将增长下去。

普通物质，比如由原子组成的行星、恒星等，只占宇宙的4.6%。暗物质占23%，暗能量占72%。[1] 暗物质基本上是我们看不到但是有质量的物质。人们还没有真正理解它，而对暗能量的了解就更少了。没有人真正知道什么是暗能量，即使它几乎占到全部宇宙的3/4。美国国家航空航天局甚至制订了一个计划——暗能量合作计划，就是为了搞清楚暗能量究竟是什么。

延伸阅读

我们对宇宙所知甚少，其主要原因是我们能够涉足，甚至能够看到的范围非常有限，远不足以使我们把这些问题搞清楚。至于宇宙之外是什么、宇宙形成之前有什么这些问题，其实只有哲学家在探索，因为这远远超出了目前科学研究的领域。

1. 新的研究认为，组成宇宙的基本物质中，普通物质占4.9%，暗物质占26.8%，暗能量占68.3%。——编者注

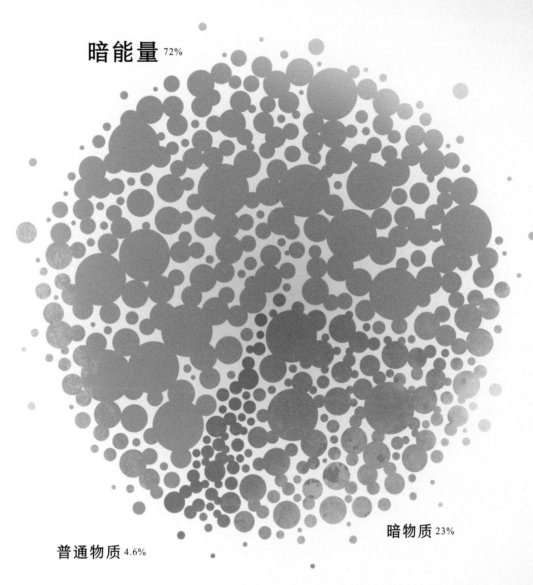

暗能量 72%

普通物质 4.6%

暗物质 23%

1.5 已知的星系

星系是恒星、星际物质、尘埃、气体和暗物质的集合，它们在万有引力的作用下形成一个独特的实体。星系中恒星的数量由几百万到几万亿不等。地球属于太阳系，而太阳系则是银河系的一个组成部分。

在已知的宇宙中估计至少有千亿个星系存在，但是精确的数字无法算出。

随着天文望远镜技术的进步，我们已经能够看到几百万光年外的星系了，其中有一些星系已经被命名，例如霍格天体，它是距离地球大约6亿光年远的一个环状星系。

银河系 ···

延伸阅读

银河系的直径大约为10万光年。如果你把巧克力棒从银河系直径的一端摆放到另一端，让地球上的每个人每天吃掉68.13亿根，那么需要100年才能吃完（假设我们都能活到100岁的话）。

这是真的

1990年哈勃太空望远镜发射后，我们打开了外太空之门。这台望远镜每97分钟绕地球一周，并通过卡塞格伦反射镜（一种独特的透镜配置）将图像传输到几台科学仪器上。

望远镜的作用并不在于它能放大物体，而在于它所收集的光远远多于眼睛所见的光。相较于地基望远镜，哈勃太空望远镜的优势在于它位于大气层之上，避免了大气层对光的折射和过滤。

宇宙

1.6 太阳

地球位于太阳系中，太阳系是宇宙无数恒星系中的一个。在太阳系的中心有一颗恒星，那就是太阳。

太阳完全由气体组成，这些气体绝大部分都很容易受到磁力影响，我们称之为等离子体。组成太阳的两种主要的化学元素是氢（占太阳质量的72%）和氦（占太阳质量的26%）。太阳的能量是由其内部的核聚变产生的。当两个原子核组成一个新的原子核的时候，这种聚变将核物质转变为能量。太阳表面的温度为5500℃，核心温度超过1500万摄氏度。

太阳的质量占太阳系总质量的绝大部分（99.8%），是地球质量的33万倍，两者的质量比相当于四头大象对一个网球。就大小而言，太阳是地球的109倍，地球就像足球场中心的一个足球，足球场的中圈就代表太阳。就体积而言，太阳能容得下大约130万个地球。

延伸阅读

太阳光照到地球，只需要8分钟多一点。因此，你早晨端起冲好的咖啡时照亮你厨房的那缕阳光，实际上是在你打开水壶之前的某个时间点发出的。

地球

太阳大小：直径140万千米
太阳组成：氢72%，氦26%，氧1%，碳0.4%

1.7 夜空

晴朗的夜晚，遥远的夜空繁星闪烁。这些星星彼此之间的相对位置看上去是不变的，经过长期观察，天文学家们将它们归为一个个的星座，尽管这些星星相距很多光年。

把代表这些互不相连的星体的点连接起来，就形成了容易辨识和理解的图案。对于绝大多数人来说比较熟悉的是北斗七星，它是大熊座的一部分。猎户座中，猎人的腰带也是肉眼可以观测到的组成部分。

早期的天文学家认为地球是扁平的，地球上面是不停旋转的天空。直到公元前570年前后，古希腊人经过测算，认为地球是一个球体。实际上，关于太空的研究很早就开始了，最初人们研究的是太阳、月亮以及它们的位置变化与四季更替的关系。以此为基础扩展到对夜空的研究，并最终发展成我们今天所知的天文学。

尽管地球围绕着地轴自转，围绕着太阳公转，但是依然有一些星星在北半球看不到，有一些星星在南半球看不到。不妨设想一下，有一条直线从南极开始贯穿地球并从北极射出，其上有一颗星，我们就称之为北极星。在地球自转的时候，这颗星星看起来是静止的，反倒是其他星体看起来在围绕着它旋转。

延伸阅读

BPM37093是一颗白矮星的名字，它似乎经过冷却和结晶变成了已知的、最大的钻石。它距离地球大约有50光年，直径4000千米，它的昵称叫"露西"，取自于披头士乐队的歌曲《天空中戴钻石的露西》。

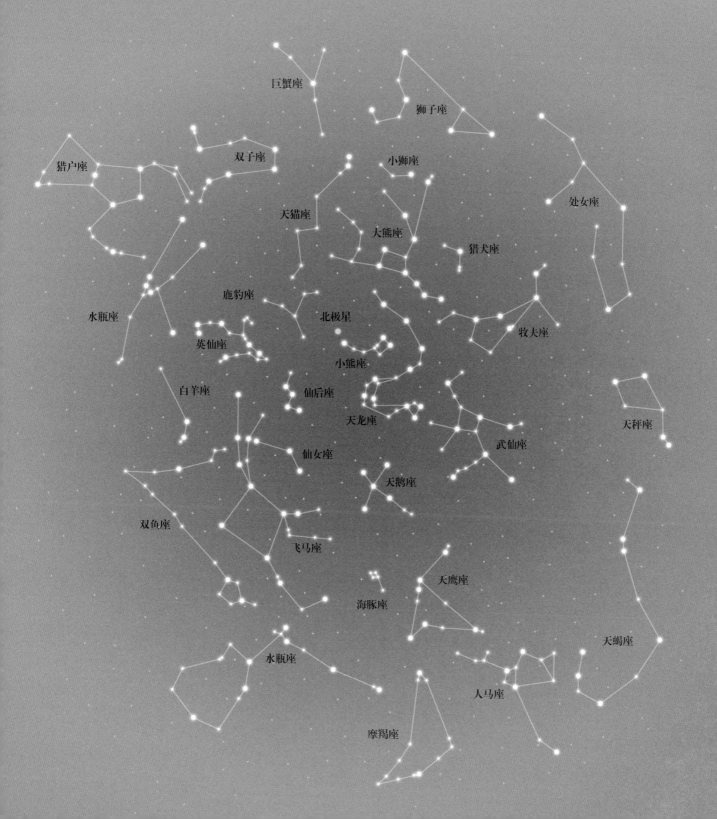

巨蟹座

狮子座

双子座

小狮座

猎户座

天猫座

处女座

大熊座

猎犬座

水瓶座

鹿豹座

北极星

牧夫座

英仙座

小熊座

白羊座

仙后座

天龙座

武仙座

仙女座

天鹅座

双鱼座

飞马座

天鹰座

海豚座

水瓶座

天蝎座

摩羯座

人马座

1.8 太阳系

为什么地球上的一年是365天？或者，更精确地说，为什么地球的一年是365.25天？

地球围绕太阳转一圈需要365.25天，我们称之为一年。那一天的度量又是从哪里得来的呢？地球围绕地轴自转一圈需要24小时，我们称之为一天。

因此，一天是地球自转周期，一年是地球公转周期。那么，不同行星的年又是什么情况？

距离太阳越远，围绕太阳运行一圈的时间就越长，因此它的一年也就越长。

如果将地球放置在冥王星的轨道上，并倒转一圈，那我们就穿越到了1763年[1]，当时英国国王乔治三世在位。

各行星一天的度量又是什么情况？如果你的自行车有一大一小两个轮子，那么小轮转得更快。但是对于行星来说，情况恰恰相反：星体越大，自转得就越快。

> **延伸阅读**
>
> 告诉你一个奇怪的现象，金星围绕太阳公转一圈需要约225天，自转一圈却需要约243天。这是怎么回事儿？简单地说，金星上一天比一年还长。看你能否想明白。

---

1. 此书原版出版于2011年，冥王星公转周期为90.465天，折算成地球年为248年。2011年回溯248年为1763年。——编者注

太阳系八大行星的一年
（以地球日为单位计算）

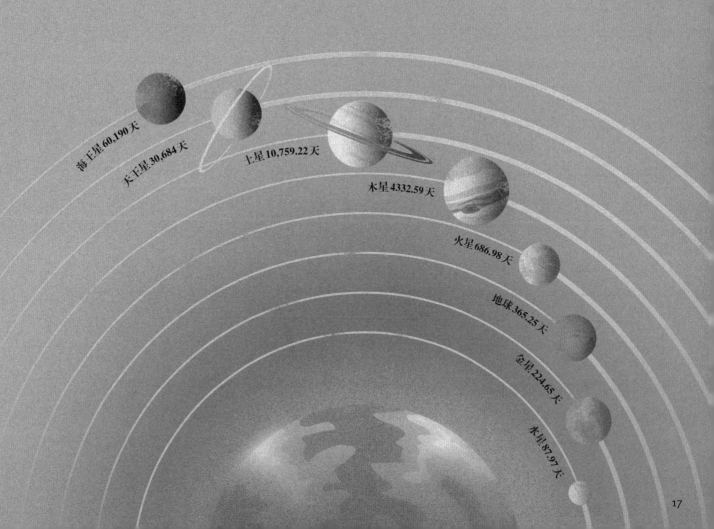

海王星 60,190 天

天王星 30,684 天

土星 10,759.22 天

木星 4332.59 天

火星 686.98 天

地球 365.25 天

金星 224.65 天

水星 87.97 天

1.9 地外生命

没有人确知宇宙中有多少行星，但参照太阳系的结构，宇宙中一定有上万亿颗行星存在。太阳系有八大行星，其中一颗行星有生命存在。1/9的人认为其他星球存在生命的可能性很大。即使地球是900万颗行星中唯一拥有生命的行星，概率虽小，但也表明宇宙中的其他地方一定有生命存在。若果真如此，那么我们应该在某一天与另一种生命形式不期而遇。但并非必然如此。

星系之间的距离非常遥远，甚至在太阳系内部，行星之间的距离也很遥远，加之星球数量多到无法计算，两种生命"邂逅"几乎是一个奇迹。这就像迈阿密海滩上的一粒沙子试图在科帕卡巴纳海滩上找到另一粒相同的沙子一样机会渺茫。

另外还需要指出的是，我们总是以为，（特别是在小说中）如果在一个遥远的星球上有生命存在，那么它们一定比人类更聪明，因此它们一定会找到我们。我们不能说宇宙的其他地方不存在生命，也没有理由认为我们不是最先进的。如果宇宙中的一切都来自大爆炸，那么所有有生命存在的行星都拥有同样长的时间来创造生命。可以说，地球之外可能存在着生命，但是我们永远找不到它们。

延伸阅读

1961年，天体物理学家弗兰克·德雷克提出了"德雷克方程"。这个被科学界普遍接受的方程，被用来推测可能与我们接触的银河系内外星球高智文明的数量。

其公式如下：

$$N = R^* \times f_p \times n_e \times f_l \times f_i \times f_c \times L$$

德雷克博士估计在我们居住的银河系中可能存在1万种外星文明。

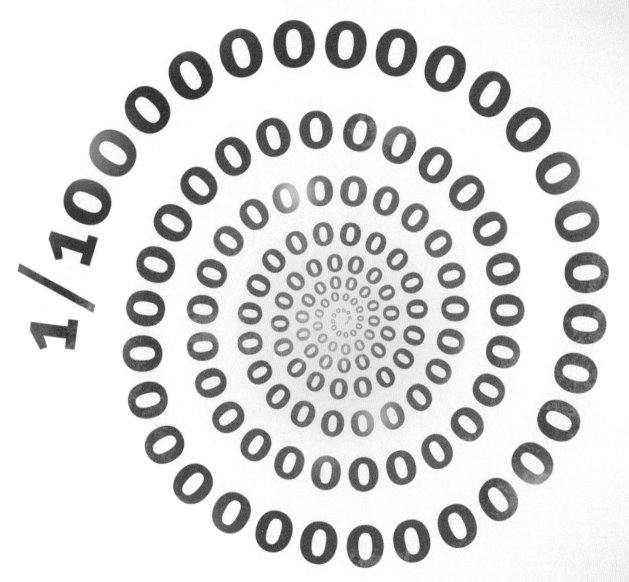

地外生命存在的概率

1/1000000000...

据美国天文学家和宇宙学家卡尔·萨根计算，如果你来到宇宙中只是偶然的，那么你出现在另外任何一个星球上的概率将不足 10^{-33}，出现在另一个有生命存在的星球上的概率就更小了。

1.10 太阳系行星

我们太阳系位于银河系的猎户座旋臂上。太阳系有8颗大行星，这个数字曾经是15，随着行星定义的演化而发生了变化。

2006年8月，国际天文学联合会大会通过决议，对太阳系行星重新定义：

行星是符合下列条件的天体：（1）围绕太阳（恒星）运转；（2）质量必须足够大，能克服刚体力以达到流体静力平衡的形状（近于球体）；（3）必须清空公转轨道附近区域，公转轨道范围内不能有比它更大的天体。

金星
与太阳的平均距离：1.08亿千米
直径：12,103千米
重力（地球为1）：0.88
自转周期（地球日）：243.0251天

金星上一天比一年长。

火星
与太阳的平均距离：2.28亿千米
直径：6792千米
重力（地球为1）：0.37
自转周期（地球日）：1.0274天

火星上的奥林匹斯山是太阳系中已知最大的火山。

水星
与太阳的平均距离：5800万千米
直径：4880千米
重力（地球为1）：0.38
自转周期（地球日）：58.6461天

水星主要由铁组成，其重量在太阳系八大行星中排第二位。

地球
与太阳的平均距离：1.5亿千米
直径：12,756千米
重力：1
自转周期：0.9972天

木星
与太阳的平均距离：7.78亿千米
直径：142,983千米
重力（地球为1）：2.4
自转周期（地球日）：0.4131天

木星大红斑是一场已经肆虐了200多年的行星风暴。

决议的第二部分：

矮行星是符合下列条件的天体：（1）围绕太阳（恒星）运转；（2）质量必须足够大，能克服刚体力以达到流体静力平衡的形状（近于球体）；（3）没有清空公转轨道附近区域；（4）不是卫星。

冥王星失去了大行星的地位，现在被列为矮行星。

土星

与太阳的平均距离：14.33 亿千米

直径：120,536 千米

重力（地球为1）：1.07

自转周期（地球日）：0.4257

土卫六（又称泰坦星）是土星的卫星之一，体积比水星大。

海王星

与太阳的平均距离：44.95 亿千米

直径：49,527 千米

重力（地球为1）：1.19

自转周期（地球日）：0.6784

海王星的引力导致天王星的轨道出现偏差，科学家据此发现了海王星。

天王星

与太阳的平均距离：28.72 亿千米

直径：51,117 千米

重力（地球为1）：0.9

自转周期（地球日）：0.7166

与其他所有的太阳系行星都不同，天王星几乎横躺着绕太阳旋转。

1.11 近地小天体

地球每年绕太阳公转一圈，它以每秒约30千米的速度从太空飞驰而过。在这个轨道平面上运行的距离是9.4亿千米。如此快速地穿越广阔的空间，偶尔会有什么东西阻碍或者发生碰撞都是不可避免的。

每年约有1000颗陨石撞击地球，其中许多会在穿越大气层的过程中燃烧殆尽。那些能够成功穿越大气层坠到地面的大陨石直径也不会超过10米。

美国国家航空航天局开发了一个名为"哨兵"的监测和预警系统，以密切关注任何可能与地球碰撞的彗星或者小行星。"哨兵"是一个监测近地天体轨迹并预测其未来100年轨迹的系统。如果一颗彗星或者小行星对应的托里诺等级很高，那么，我们将可能有足够的时间做出反应。

延伸阅读

通古斯大爆炸是唯一被观察和证实的严重撞击事件，于1908年6月30日发生在俄罗斯中部。虽然它被许多人看到，但并不能绝对确定这真的是一颗陨石。

托里诺等级

10. 碰撞
正如我们所知道的那样，其产生的全球气候灾难可能会威胁到人类文明的未来，每10万年发生一次。

9. 碰撞
如果碰撞到陆地会引起区域性灾难，撞击到海洋则会引起海啸。这样的碰撞每10万年发生一次。

8. 某些碰撞
如果碰撞到陆地会引起某些地方的破坏，如果碰撞到近海会引起海啸。这样的碰撞千年发生一次。

7. 威胁
巨大天体的近距离交会可能导致前所未有的全球性威胁。

6. 威胁
巨大天体和地球近距离交会，有可能会造成严重的全球性威胁。如果在30年之内发生，政府就应该制定应急措施。

5. 威胁
近距离交会可能会造成严重的，然而无法确定的区域性灾难。如果在10年内发生，政府也应该制定应急措施。

4. 天文学家密切关注
产生局部灾难碰撞的概率是1%。如果可能在10年内发生，就应该告知公众。

3. 天文学家密切关注
近距离交会导致某些地方破坏的概率是1%。

2. 天文学家密切关注
有天体近距离飞过地球，发生碰撞的可能性很小。

1. 正常
通常观测到的那些近距离飞过地球的天体不会造成任何危险或者恐慌。

0. 无危险
碰撞的可能性为零。

10 9 8 7 6 5 4 3 2 1 0

1.12 地球的形成

《圣经》上说，地球和地球上的万物是上帝在7天之内创造出来的。如果上帝休息的第七天忽略不计的话，仅用了6天。但是，研究表明，这个过程要更长一些。

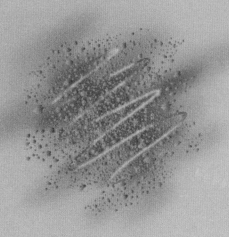

第一阶段
地球、太阳和太阳系的其他行星，是大约46亿年前在由气体和尘埃组成的星云的引力作用下，通过层层叠加而形成的。

第二阶段
45亿—10亿年前这一时期内，行星冷却，因此所有的水都不能立即蒸发。通常认为，地球上的水来自彗星——这些冰物质从太空中疾驰而过，撞击并进入地球表面。在这一时期发生光合作用是可能的。

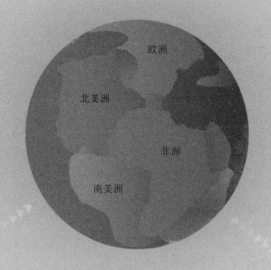

第三阶段

大约在 5 亿年前，地球上出现了植物，而且植物的存在产生了更多的氧气。后来，恐龙出现了，并统治了地球。陆地在这一时期是一个整体——盘古大陆，但是最终这块大陆分崩离析了。6500 万年前，一颗巨大的陨石与地球相撞，大部分生命被毁灭。恐龙灭绝，受益的是人类。

第四阶段

今天。恐龙灭绝后，尘埃落定，毫不夸张地说，为早期人类的发展奠定了基础。自地球形成，演化至今，经历了 40 亿年的时间——差不多是六天多一点。

第 2 章

我们的世界

2.1 地球的结构

每个小学生都知道地球的表面主要是水。事实上，水只占71%，还有29%是陆地。地球的表面积是5.1亿平方千米，而陆地面积是1.49亿平方千米。

以上讲的是地球表面的情况，但是地球内部究竟是什么样子的呢？地球有五层结构，有点像高尔夫球。我们从最外层，即地壳，开始往下挖，首先接触的是上地幔。大陆地壳厚度一般为30km～50km，但各处厚度并不一样，其最薄的地方是海底。地壳由花岗岩、玄武岩和闪长岩组成，而海底的地壳几乎都是玄武岩。

上地幔由铁、镁、硅酸盐组成。它深达400千米。介于地幔和地壳之间的是莫霍洛维契不连续面（也叫莫霍面），地震波在这里以不同于地壳和地幔且更快的速度传播。

然后到达下地幔。上地幔是固体，而下地幔则是流体。它延伸到地下大约3000千米，将我们带到外核。

外核是由铁和镍组成的熔岩，它包裹着由固体的铁和镍组成的内核，其温度可能与太阳表面一样高。

延伸阅读

目前我们所掌握的关于我们脚下的地球的大部分信息都是基于地震调查的推测。没有人能够钻透地壳进入地幔。随着进入地球内部深度的增加，温度越来越高，岩石的密度越来越坚硬，没有什么设备可以对付它。

地幔

地幔是地球最厚的一层，由运动的岩石而非岩浆组成，厚度约 2900 千米。地幔约占地球总体积的84%。上地幔和下地幔之间的边界位于地球表面之下约 750 千米处。

地壳

地壳是离炽热的内核最远的一层。它由岩石、土壤和海床组成。海洋地壳平均厚度约7 千米，大陆地壳平均厚度约 33 千米。

内核

地球的中心是一个坚实的铁球，直径约2400千米。它的温度很高，有 5000～7000℃。尽管温度很高，但这些铁由于内部压力极大而无法熔化。

外核

外核围绕着内核，其厚度约 2300 千米，由液态铁、大量的镍和硫组成。它的温度比内核低很多，估计约 4000℃。

2.2 大气

地球大气层的尽头在哪里？

地球的大气层由环绕地球的气体组成，并在地心引力的作用下保持稳定。大气主要有五层，由外到内依次是：

大气分层和各层近似高度

散逸层 ⋯⋯⋯⋯⋯⋯⋯⋯⋯⋯⋯⋯⋯⋯⋯⋯
高约 500 千米

热层 ⋯⋯⋯⋯⋯⋯⋯⋯⋯⋯⋯⋯⋯⋯⋯⋯⋯⋯
85～500 千米
卡门线位于大气层 100 千米处，它是地球大气层和外层的界线

中间层 ⋯⋯⋯⋯⋯⋯⋯⋯⋯⋯⋯⋯⋯⋯⋯⋯⋯
50～85 千米
中间层是飞机所能到达的极限高度

平流层 ⋯⋯⋯⋯⋯⋯⋯⋯⋯⋯⋯⋯⋯⋯⋯⋯⋯
11～50 千米
气象气球可以到达约 36 千米处

对流层 ⋯⋯⋯⋯⋯⋯⋯⋯⋯⋯⋯⋯⋯⋯⋯⋯⋯
地表以上 11 千米
商用飞机就在对流层顶飞行

延伸阅读

在距离海平面约 1.9 万米的高度，大气压强很低，以至于水的沸点相当于人体温度。这意味着，暴露的体液，如眼泪和唾液，也会沸腾。这一阈值被称为阿姆斯特朗极限。它是以太空医学的先驱哈利·阿姆斯特朗的名字命名的，而不是宇航员尼尔·阿姆斯特朗。

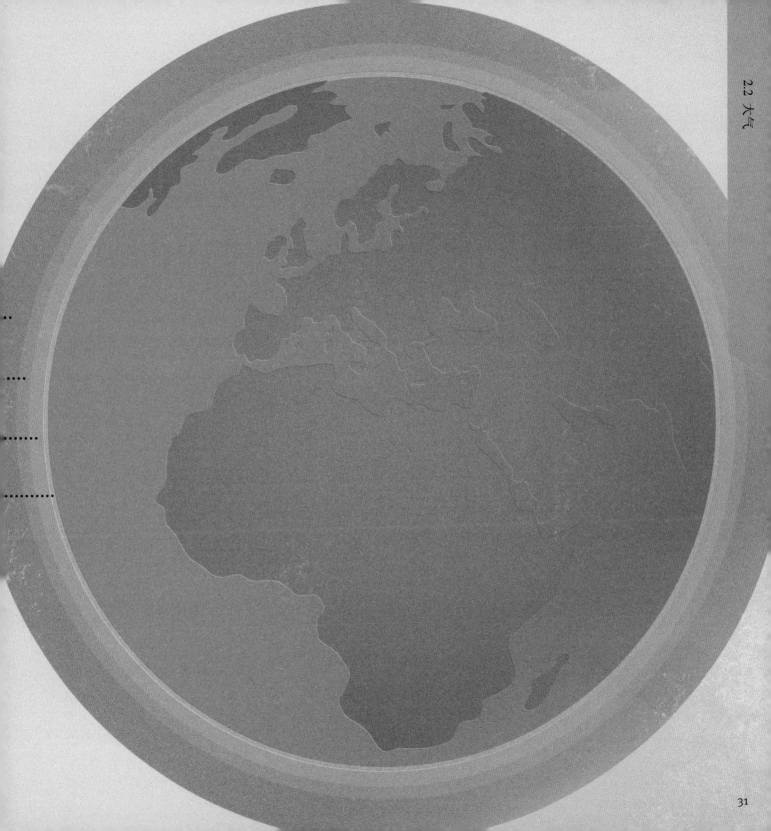

2.3 大洲

世界上有七大洲：非洲、北美洲、南美洲、南极洲、亚洲、大洋洲和欧洲。2.5亿年前，这些大陆是一个整体，叫作盘古大陆。

我们称之为"岩石圈"的上层地壳分裂成几个构造板块，从而形成了这些大陆。这些板块是"漂移"的，这说明随着时间的推移，大陆位置在发生变化。这种变化最初被称为"大陆漂移"，言下之意是，这一运动完全是随机的。板块构造理论已经被普遍接受，关于大陆漂移的成因出现了四种不同的观点，即地幔对流、重力、地球自转，以及三者的共同作用。

北美洲
面积：2423万平方千米
人口：5.3亿（2022年5.48亿）
最高峰：阿拉斯加的迪纳利山
（6194米）

南美洲
面积：1784万平方千米
人口：3.9亿（2018年4.2亿）
最高峰：阿空加瓜山
（6961米）

延伸阅读

印度在一个独立的地壳板块上，和亚洲其他部分是分离的。印度板块向北移动与欧亚板块碰撞挤压，在5500万年前形成了喜马拉雅山脉。

欧洲
面积：1016万平方千米
人口：7.28亿（2022年7.5亿）
最高峰：厄尔布鲁士山
（5642米）

亚洲
面积：4458万平方千米
人口：40亿（2018年45.6亿）
最高峰：珠穆朗玛峰
（8848.86米）

非洲
面积：3022万平方千米
人口：8.85亿（2021年12.8亿）
最高峰：乞力马扎罗山
（5895米）

大洋洲
面积：897万平方千米
人口：3300万（2018年4157万）
最高峰：查亚峰
（4884米）

南极洲
面积：1424万平方千米
人口：0
最高峰：文森峰
（4892米）

2.4 我们呼吸的空气

　　人的生命离不开呼吸。树木和其他绿色植物吸入我们呼出的二氧化碳，然后产生我们呼吸所需要的氧气，由此产生了一个良性循环。

　　让人惊异的是，大气层一直保持着稳定的平衡状态。事实证明，地球具有不可思议的自我调节机制。虽然地球上的生物数量增加了，但空气中的氧气并没有减少，仍然保持着完美的平衡，以支持地球上的生命。

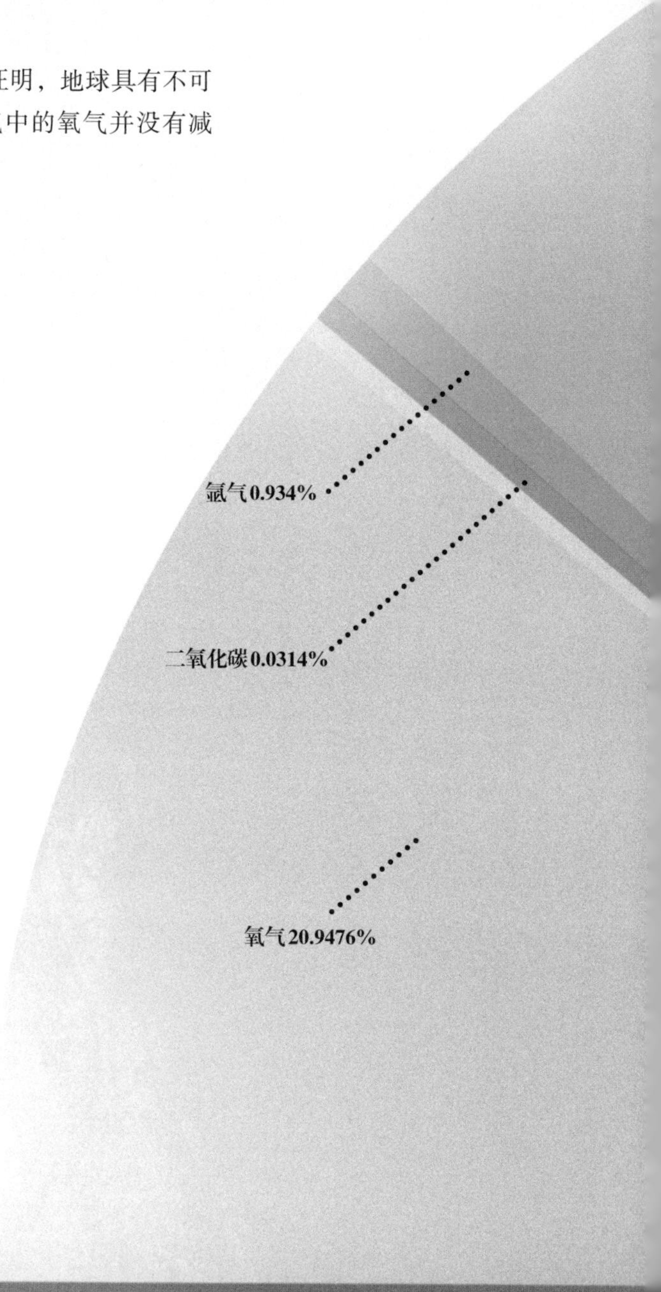

氩气 0.934%

二氧化碳 0.0314%

氧气 20.9476%

延伸阅读

　　我们无须劳神就能自然而然地呼吸，在我们看来，清洁的空气供给是天经地义的。但是，据世界卫生组织估算，每年有 200 万人死于空气污染。

氮气 78.084%

其他
氩气 0.001818%
甲烷 0.0002%
氦气 0.000524%
氪气 0.000114%
氢气 0.00005%
氙气 0.0000087%
臭氧 0.000007%
氮氧化物 0.000001%
一氧化碳 微量
氨气 微量

2.5 天气

季节变化使天气变得有趣和可预测，尽管预测有偏差。地球围绕太阳公转以及地轴的倾斜，产生了季节。

这两个因素意味着，在每年的不同时间，地球上任何一个特定的地方，每天都会或多或少地有阳光照射。这会影响气温，从而影响天气。越接近赤道，温差越小。

一年有四个季节，你所在的地方不同，季节也不同。南北半球季节相反。

夏季阳光最强烈，或者说日照时间最长。冬季正好相反。夹在冬夏之间的是春季，此时寒气消散、大地回暖。夏季过后便是秋季，夏季繁盛的草木开始枯萎。枯萎的花瓣和树叶落到地面上，因此美国人称秋季为"Fall"。

延伸阅读

"层积云"（nephelococcygia）就是人们根据熟悉的东西的形状为云命名的。

最大的雪花：38厘米 × 20厘米
1887年1月28日，美国蒙大拿州基奥堡

1分钟内最大降雨量：31.2毫米
1956年7月4日，美国马里兰州乌尼翁维尔

1小时内最大降雨量：305毫米
1947年6月22日，美国密苏里州霍尔特

最长的干旱期：173个月
1903年9月—1918年1月，智利阿里卡

持续时间最长的彩虹：6小时
1994年3月14日，英国约克郡韦瑟比

最高气温：57.8℃
1922年9月13日，利比亚埃尔阿兹兹亚

世界上最致命的龙卷风：1300人死亡
1989年4月24日，孟加拉国马尼格甘杰

赤道

质量最大的冰雹：1千克
1986年4月14日，孟加拉国戈巴尔甘尼

最大风速：407千米/时
1996年4月10日，澳大利亚巴罗岛

一天内最大降雨量：1.825米
1966年1月7—8日，留尼汪岛FOC-FOC地区

最低气温：-89.2℃
1983年7月21日，南极洲沃斯托克

2.6 地震的威力

里氏各震级的强度究竟有什么不同?

里氏震级是加州理工学院查尔斯·F.里希特提出的。这个震级标度区分不同震级。它从1级到10级,1级是最弱的震级,10级是最强的震级。10级地震在史料中是没有记载的。其规模是以对数为基础的,因此,震级每增加1级,就等于所测振幅增加了10倍。

对于那些有幸从未经历过地震现场的人来说,下面的例子可能有助于比较地震强度的大小,但是这并不意味着与地震的状况相同。如果里氏1级是一个小孩在你的肚子上打了一拳,那么里氏2级就是拳击手迈克·泰森在他的巅峰时期打的一拳,继续乘10就是下一个等级的强度。

延伸阅读

世界上有记录以来的最强地震发生在1960年的智利,震级是里氏9.5级。它引发了一场巨大的海啸,海啸横穿太平洋,海浪高达11米,给夏威夷造成了巨大破坏。

10级

有史以来，人类历史上还没有10级地震的记录 **······**

9级

（超强）1960年智利地震的震级强度 **······**

8级

（极强）2008年汶川地震的震级强度 **······**

7级

（甚强）2009年爪哇地震、2010年海地地震的震级强度 **·**

6级

（中度）人口稠密地区方圆160千米范围内都会遭到破坏 **·**

5级

（轻震）相当于投在长崎的原子弹的爆炸强度

4级

（弱震）相当于一颗小型原子弹的爆炸强度

3级

（微小）据估计，每年这样的地震会发生4.9万次

2级

相当于第二次世界大战的常规炸弹的爆炸强度

1级

像这样的轻微地震每天约有8000次记录在档

2.7 火山

在地壳的深处潜藏着炽热的液态岩石或岩浆。与其他流体一样，岩浆寻找阻力最小的路线。就火山而言，这样的路线通常在板块的边缘地带。当岩浆找到这样的通道，就会从地壳上我们称为"热点"的某个不确定的洞口喷发出来，火山就是这样形成的。

火山形成所需的周期差别很大，但是最普遍的估计是1万～50万年，而且是经过成千上万次单独的爆发之后形成的。

火山一般分为三种类型：活火山、休眠火山、死火山。顾名思义，死火山就是不太可能再次喷发的火山。

活火山是指正在喷发的火山、有迹象可能喷发的火山，或者在过去的1万年里喷发过的火山。后者似乎过于笼统，但由于火山喷发的时间间隔可能会很久，因此还是有必要保持警惕。

活火山和休眠火山之间的界限是非常不确定的。休眠火山也可能再次爆发，虽然目前还没有任何迹象表明它可能会喷发，但是没有人能肯定地将其归为死火山。

火山活动的周期通常有六个阶段：

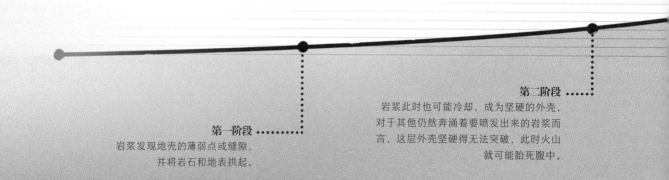

第一阶段 ⋯⋯⋯⋯
岩浆发现地壳的薄弱点或缝隙，
并将岩石和地表拱起。

第二阶段 ⋯⋯⋯
岩浆此时也可能冷却，成为坚硬的外壳，
对于其他仍然奔涌着要喷发出来的岩浆而
言，这层外壳坚硬得无法突破，此时火山
就可能胎死腹中。

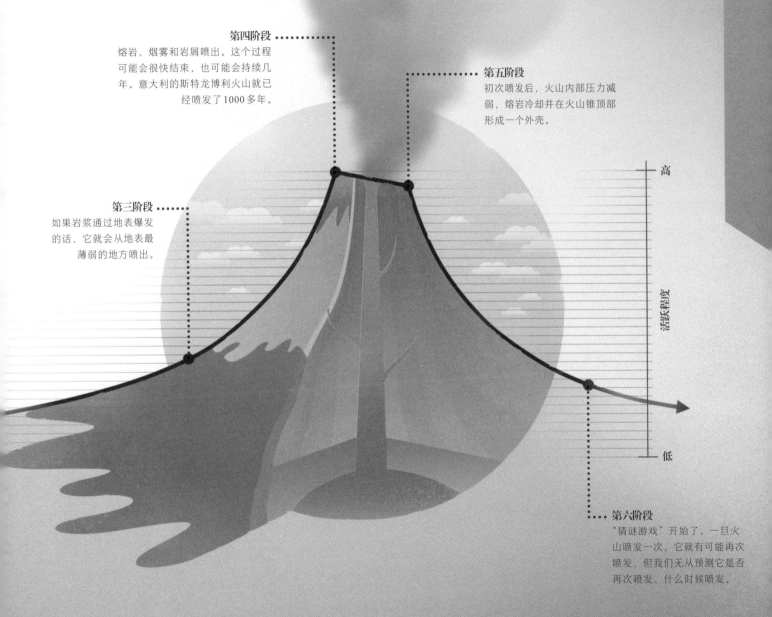

第四阶段
熔岩、烟雾和岩屑喷出。这个过程
可能会很快结束，也可能会持续几
年。意大利的斯特龙博利火山就已
经喷发了1000多年。

第五阶段
初次喷发后，火山内部压力减
弱，熔岩冷却并在火山锥顶部
形成一个外壳。

第三阶段
如果岩浆通过地表爆发
的话，它就会从地表最
薄弱的地方喷出。

高

活跃程度

低

第六阶段
"猜谜游戏"开始了。一旦火
山喷发一次，它就有可能再次
喷发，但我们无从预测它是否
再次喷发、什么时候喷发。

2.8 海洋

众所周知，水是生命之源。地球刚形成的时候一片干涸，没有任何水或者湿润的地方。那么现在的水都是从哪里来的呢？

在过去的46亿年中，地球有很多条件产生水。长期以来，人们一直认为，现在海洋中的水都是由彗星带来的，因为海水的化学特征似乎与所有已知彗星的化学特征相符合。

然而，现在的研究结果与此相悖。最近一次对海尔－博普彗星的分析发现，其氘含量远超地球上水的氘含量，因此地球上的水不可能都来自彗星。部分水肯定来自彗星，但并非所有的水都是这样来的。

如果的确如此，那么谜底还无法揭晓……

延伸阅读

海水之所以是咸的，是因为海水来自河流。当陆地上的水流进海洋时，它从河床上带走了少量的盐，然后一起汇入海洋中。一旦到了海里，水被蒸发，盐却被留下了。

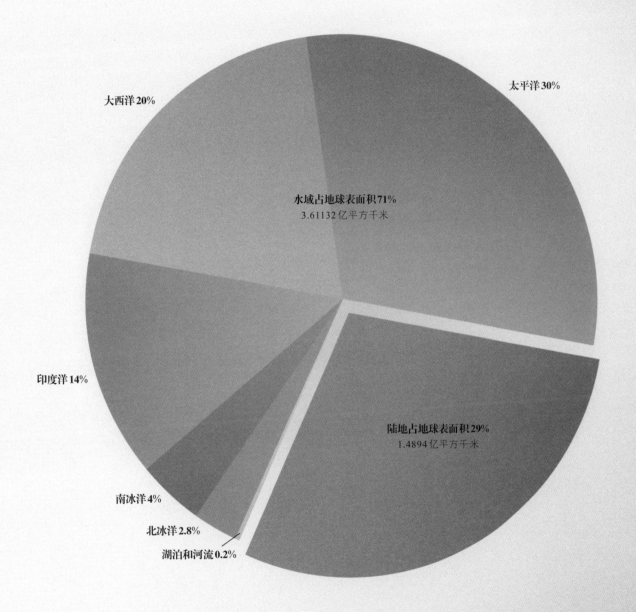

太平洋30%

大西洋20%

水域占地球表面积71%
3.61132亿平方千米

印度洋14%

陆地占地球表面积29%
1.4894亿平方千米

南冰洋4%

北冰洋2.8%

湖泊和河流0.2%

2.9 水循环

今天地球上的水存在的时间和地球上的生命存在的时间至少一样长，也可能更长一点。水循环系统是地球上最有效率的循环系统。无论如何，水总能做到百川归海，因而水循环也就得以周而复始。

这种循环是如何进行的？首先，海洋中的水在阳光照射下升温，然后蒸发。在此过程中，水从液态转化成气态，然后不断上升，高度越高，温度越低，于是气体冷却，凝结成为液态，这就形成了云。

随着云变得越厚越重，不能继续滞留在空中，于是它们所含的水就像沉淀物一样落下，不论落到哪里，它们最终都会回到河流、湖泊和海洋中。这样，循环就又开始了。

除了为我们提供饮用水，水循环对于维持地球的温度也至关重要。当水从海洋中蒸发和上升时，它将热量从地表带走，并调节了地球的大气，这种方式类似于身体通过出汗来降温。

延伸阅读

海洋的最深处是太平洋的马里亚纳海沟。它深达11千米，把整个珠穆朗玛峰放进去，还有2千米的剩余空间。

1. 太阳蒸发海水（蒸发）

2. 水分上升形成云（凝结）

5. 水通过河流返回海洋
（地表径流和下渗）

3. 云随风向内陆移动

4. 云以雨水或雪的形式给
陆地提供水（降水）

2.10 河流和湖泊

虽然地球绝大部分水都在海洋中（97%），河流和湖泊中的水只占全球水量的0.2%（其余的水资源存在于冰川、冰盖和地下水中），但河流和湖泊中的水对于我们的生活却是至关重要的。长久以来，河流和湖泊不仅为我们提供水能，也一直为我们提供绝大部分饮用水。特别是在陆上交通不便的地区，河流、湖泊对于出行和物资运输非常重要。

水在地面低洼处汇集成湖泊。

由于地形的原因，湖水、泉水以及一些小支流的水会汇入其他的河流或者湖泊，并继而找到汇入海洋的途径。河流就是这样形成的。

世界上最长的七条河流

1.尼罗河 6671 千米（北非、东非）

2.亚马孙河 6480 千米（南美洲）

3.长江 6363 千米（中国）

4.密西西比河 6262 千米（美国）

5.叶尼塞河 5526 千米（俄罗斯）

6.黄河 5464 千米（中国）

7.鄂毕河 5410 千米（俄罗斯）

世界上面积最大的七个湖

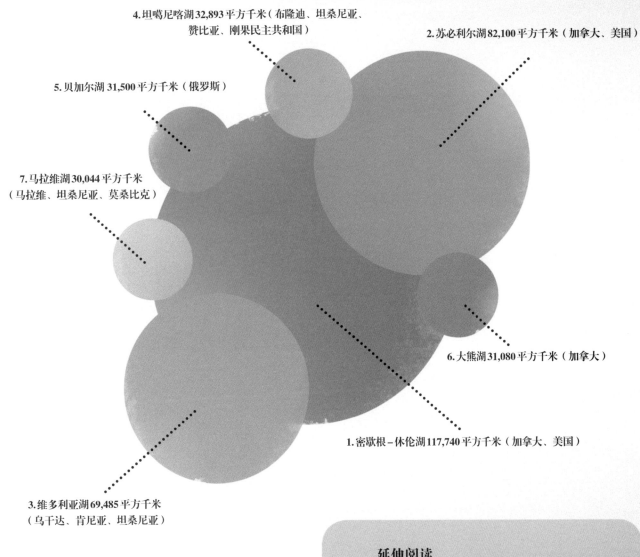

4.坦噶尼喀湖 32,893 平方千米（布隆迪、坦桑尼亚、
赞比亚、刚果民主共和国）

2.苏必利尔湖 82,100 平方千米（加拿大、美国）

5.贝加尔湖 31,500 平方千米（俄罗斯）

7.马拉维湖 30,044 平方千米
（马拉维、坦桑尼亚、莫桑比克）

6.大熊湖 31,080 平方千米（加拿大）

1.密歇根–休伦湖 117,740 平方千米（加拿大、美国）

3.维多利亚湖 69,485 平方千米
（乌干达、肯尼亚、坦桑尼亚）

延伸阅读

位于美国蒙大拿州大瀑布的罗伊河是世界上最
短的河流，只有 61 米。

2.11 冰河期

我们常常会提到冰河期，似乎地球只经历过一个冰河期。事实上，地球经历了多个冰河期。我们现在所说的冰河期，只是最近发生的一个。这个冰河期也被称作"更新世"，盛期大约在2万年前，结束于1万年前。

冰河期是指冰川覆盖地球大部分地区并对生物产生毁灭性影响的时期。当冰原扩张时，运动中的冰会刮掉地表植物，使得大部分植物惨遭毁灭。所以，主要以植物为生的动物便被迫向温暖的地方迁徙。但是随着冰河期的延续，这样的地方也越来越少。此时，地球上的水绝大部分都已经结成冰，不能蒸发，也就没有了降雨。地球变得异常干燥。即便在如此寒冷、干燥、恶劣的环境下，仍然有生物在繁衍，就像第四纪大冰期末期的长毛猛犸象一样。

这个经典的锯齿状图形展示了地球气候周期性变化的特点，
说明冰河期虽然形成缓慢，但是它的到来是不可避免的

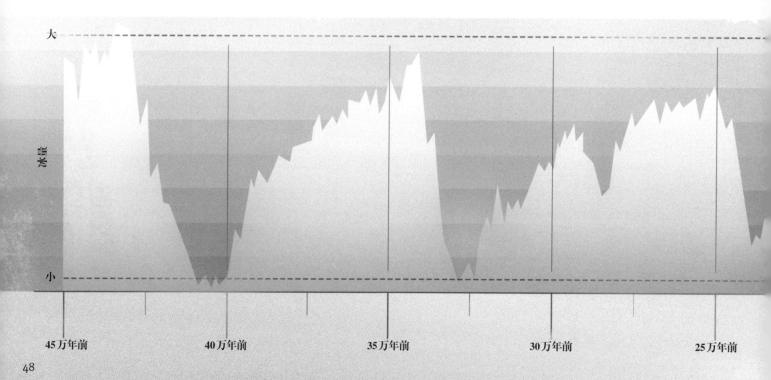

大

冰量

小

| 45万年前 | 40万年前 | 35万年前 | 30万年前 | 25万年前 |

　　地球的温度，冰河期的反复交替出现，都受到地球公转轨道和地轴的影响。这是塞尔维亚天体物理学家米卢廷·米兰科维奇首次提出的。首先，10万年的周期是地球公转的椭圆形轨道由远及近然后再反复的特性造成的。其次，4.1万年的周期是轨道 ±1.5° 的倾斜或地轴进动造成的。最后，前两个因素的叠加导致了一个2.1万年的周期。这些因素的叠加使得冰河时期的形成速度缓慢，但它的结束是突然的，从而形成了下图所示的经典锯齿状图形。

延伸阅读

　　在上一个冰河期，地表的1/3被冰川覆盖。目前冰川覆盖着地表的1/10，因此，我们现在所处的时代有时被称为"小冰河期"。

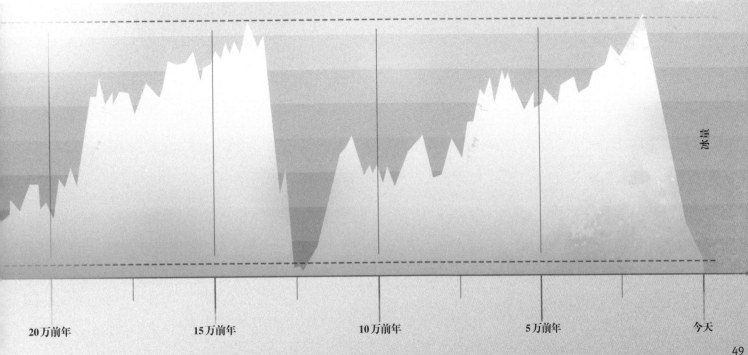

| 20万前年 | 15万前年 | 10万前年 | 5万前年 | 今天 |

2.12 世界七大自然奇观

帕里库廷火山

地点:
它位于墨西哥米却肯州,距墨西哥城
321千米,是一座活跃的锥状火山。
高度约为3000米。

最佳观赏时间:
5—9月(雨季)。

帕里库廷火山被认为是世界上独一无
二的自然奇观,人类在1943年见证了
它的第一次喷发。自1952年以来,它
一直处于休眠状态。

极光

地点:
主要发生在地球大气层的电离层,
是由电离氮原子与太阳风粒子在地
球南北极磁场碰撞引起的。

最佳观察时间:
3—4月;9—10月。

著名意大利科学家伽利略·伽利雷
以拉丁文 Aurora 为其命名。它是
罗马黎明女神的名字。

科罗拉多大峡谷

地点:
它是美国亚利桑那州的一座大峡谷,
长445千米,最宽处有29千米。

最佳观赏时间:
全年。

大峡谷是由科罗拉多河侵蚀形成的,
历时360万年。这条河还在持续侵蚀
和塑造着大峡谷。

莫西奥图尼亚瀑布

地点：
莫西奥图尼亚瀑布是世界上最大的瀑布（宽度和高度）。这座瀑布位于非洲南部，地处津巴布韦和赞比亚的交界处，水流来自赞比西河。瀑布宽1700米，高108米。

最佳观赏时间：
5—10月（旱季）。

英国著名探险家大卫·利文斯通博士给瀑布起了一个名字"维多利亚瀑布"。它在当地也被称为"莫西奥图尼亚"，意思是"霹雳之雾"。

珠穆朗玛峰

地点：
珠穆朗玛峰是世界上海拔最高的山峰，位于中国和尼泊尔边境附近的喜马拉雅山。其最高峰达8848.86米。这座山形成于5500万年前。

最佳观赏时间：
10—11月（这时很少下雪）。

藏族人称这座山为"珠穆朗玛"，意为"女神第三"。

大堡礁

地点：
世界上最大的珊瑚礁，位于澳大利亚东北部（昆士兰）附近。珊瑚礁绵延2600千米，其2900个独立珊瑚礁所在的海域拥有约15亿条鱼。

最佳观赏时间：
6—10月。

每年有超过200万名游客前来参观珊瑚礁，这是地球上访问量最多的自然景观之一。

里约热内卢港

地点：
里约热内卢港，又称瓜纳巴拉湾，位于巴西东海岸。从水量来看，它是世界上最大的海湾。

最佳观赏时间：
9—10月。

海湾长31千米，最宽处达28千米，由大西洋侵蚀形成，周围环绕着壮丽的山峰。

第 3 章

地球上的生命

3.1 生命的起源

先有鸡，还是先有蛋？

这是个永恒的问题。生命的出现似乎是一瞬间的事，生命也许本身就是奇迹。极有可能是亿万种机缘巧合才触发了这个世界的勃勃生机。

目前的理论认为，生命创生的条件已经不复存在，因为生命出现之后便开始演化，就像大气也在发生演化一样，与当时相类似的有机体在目前的条件下已经难以生存。我们难以复制生命出现之前的地球，因此也难以通过不同的方式准确地演示生命的形成。

目前的主流观点无不受到所谓"奥帕林-霍尔丹假说"的影响。苏联生物化学家亚历山大·奥帕林和出生于英国的遗传学家约翰·霍尔丹各自进行着完全独立的研究，但是他们提出了从本质上来看完全相同的观点，即生命诞生于"原始汤"。有机化合物在"原始汤"中经过各种变化，最终形成了更复杂的分子。

延伸阅读

原核生物是地球上最原始的细胞。但是，如果没有它们，就不会有其他生命形式的存在。"千里之行，始于足下"，地球上所有生命的诞生都是从这不起眼的原核生物开始的。

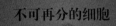

不可再分的细胞

质粒

核糖体

细胞质

鞭毛

荚膜

细胞壁

细胞质膜

类核（脱氧核糖核酸分子）

菌毛

原核细胞的内部

3.2 地球生命的演化历程

由这个时间轴可以看到，从简单原核生物到多细胞生命经历了差不多30亿年的时间。而从这个阶段到人类，仅仅经历了10亿年。这个时间轴上显示的这些相继的阶段都具有同样重大的意义，但其进程越来越快。

现在重点来看一下智人（人类）形成过程中几个飞跃性的阶段。

单细胞：原核生物

第一类生物，也是万物的基石。它们是在"原始汤"中形成的。

光合作用

没有光合作用，地球上就不会形成美丽平衡的环境。

臭氧层

臭氧层是遮挡太阳紫外线的屏障，使这颗星球适宜居住。正是从这一刻起，地球上突然（相对的说法）就有了生命。

恐龙的灭绝

有恐龙在，人类就不可能出现。

人属

最早的人属是从南方猿人进化而来的，南方猿人是人属的最后前身，这是人类旅程中的最后一个重大演变。

⋯⋯⋯ 38亿年前 单细胞（原核生物）

⋯⋯⋯ 30亿年前 光合作用

真核细胞和原核细胞是最基本的两类细胞。真核细胞有一个细胞核。动物、植物和真菌是由真核细胞组成的。细菌——占人体细胞总量的95%——是由原核细胞构成的。

20亿年前 复杂细胞（真核生物）

10亿年前 多细胞生命

6亿年前 简单动物

5.7亿年前 节肢动物（昆虫纲动物、蛛形纲动物和甲壳纲动物的祖先）

5.5亿年前 复杂动物

5亿年前 鱼类和原始两栖动物

4.75亿年前 陆地植物

4亿年前 昆虫和种子植物

3.6亿年前 两栖动物

3亿年前 爬行动物

2亿年前 哺乳动物

1.5亿年前 鸟类

1.3亿年前 有花植物

6500万年前 非鸟类恐龙灭绝

250万年前 人属出现

20万年前 人类直立行走

2.5万年前 尼安德特人灭绝

57

3.3 光合作用

绿色植物进行光合作用，吸收二氧化碳并将其转化为氧气，这对于地球上的生命来说是至关重要的。

下面这个复杂的公式可以说明发生在植物内部的这一过程：

$$6CO_2 + 6H_2O \xrightarrow[\text{叶绿体}]{\text{光能}} C_6H_{12}O_6 + 6O_2$$

但实际上它是非常简单的：

$$\text{二氧化碳} + \text{水} \xrightarrow[\text{叶绿体}]{\text{光能}} \text{糖} + \text{氧气}$$

光合作用之所以重要，是因为太阳能只有通过这个过程才能转化为食物。植物给予人类的所有恩惠都有赖于此。没有光合作用，也就没有我们人类。

延伸阅读

对于植物而言，光合作用的目的在于产生糖分，产生的氧气实际上是一种废料而已，因此植物要将其释放到空气中。

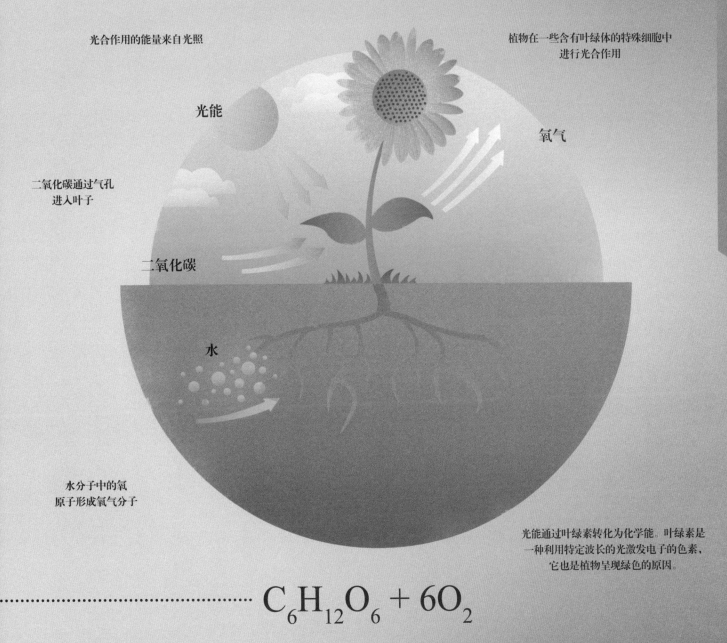

光合作用的能量来自光照

植物在一些含有叶绿体的特殊细胞中
进行光合作用

光能

氧气

二氧化碳通过气孔
进入叶子

二氧化碳

水

水分子中的氧
原子形成氧气分子

光能通过叶绿素转化为化学能。叶绿素是
一种利用特定波长的光激发电子的色素，
它也是植物呈现绿色的原因。

$$C_6H_{12}O_6 + 6O_2$$

3.4 树的生命周期

树木最重要的作用是提供人类呼吸所必需的氧气。此外，树木还有许多对人类和动物同样重要的用途，可以满足它们舒适生活的许多基本要求：

取暖——木材是用来生火的主要材料。

烹饪——火提供了烹饪和烧水的一种方法。

住房——木材曾经是世界各地建造房屋的主要材料。目前在许多发展中国家依然如此。虽然自从坚固的金属问世以来，木材在房屋建造方面的作用就减少了，但即使是在不以木材为主要建筑材料的国家，它仍然是建筑结构的组成部分。树木的另一个重要作用是为许许多多的哺乳动物、鸟类和昆虫提供栖息之所。

运输——几乎所有早期的运输方式都依赖木材，尤其是跨越海陆之间的距离。

家具——每栋房子里都会有木制家具，或是一把椅子，或是一张桌子，甚或是一个果盘。

传播——1440年，西方活字印刷术的问世促进了整个世界的交流。如果没有纸（当然是用木头制成的），就不可能传播信息。

延伸阅读

落在地上的一颗橡子，长成一棵橡树的概率只有万分之一。

10年树龄的碳储备量最高。

4. 成材
幸运的话，这棵幼苗会长成一棵枝繁叶茂的橡树，然后开花。一棵橡树大约能活500年。

3. 树苗
从萌芽开始，绿色的茎就开始慢慢变硬，木本特征越来越明显。然后，树叶就长出来了，并且寻找光照。

5. 开花
橡树不是靠昆虫授粉，而是靠风传粉。花也不是很艳丽。

2. 萌芽
如果橡子没有被吃掉或者毁坏，它就会生根发芽。在合适的土壤和其他条件下，一个月之内根就会长到5英寸（12.7厘米）。

6. 结果
橡树的果实是橡子。橡树长到30年树龄的时候，就会结橡子。

然后，又开始了生命的另一个周期。

1. 橡子
它是橡树上落下的果实。它借助动物传播，特别是松鼠。那些被松鼠遗落或者没来得及吃掉的橡子就有发芽的机会了。

一棵70年的老树死后会释放出3吨的碳到大气中。

3.5 昆虫

昆虫是地球生态系统的重要组成部分，其中被命名和确认的种类超过100万种，远远超过其他所有的生物群体。它们不仅随处可见，而且往往是唯一能在世界上一些最为恶劣的环境中生存的生物。

由于它们个头相对较小，它们的主要作用之一就是处于食物链的底端。但如果把它们简单地当作其他生物的营养来源就不那么公平了。昆虫对植物群的繁荣起着重要的作用，它们为树木和花卉授粉，疏松土壤，帮助死去的动植物分解，肥沃土壤。它们的粪便本身也是肥料，而且它们还能控制彼此的数量，最终有利于植物的生存。

人类最喜欢吃的昆虫
蝉

最快的昆虫
100千米/时
分布较广的绿色达纳蜻蜓

最强壮的昆虫
蜣螂
能背负自己体重1141倍的物体

毒性最强的昆虫
须蚁（*Pogonomyrmex* spp.）

延伸阅读

据某都市传说，人平均一年在睡梦中会吞下8只蜘蛛（蜘蛛不是昆虫）。目前还没有对此进行过研究，但有60%的人认为这是真的。

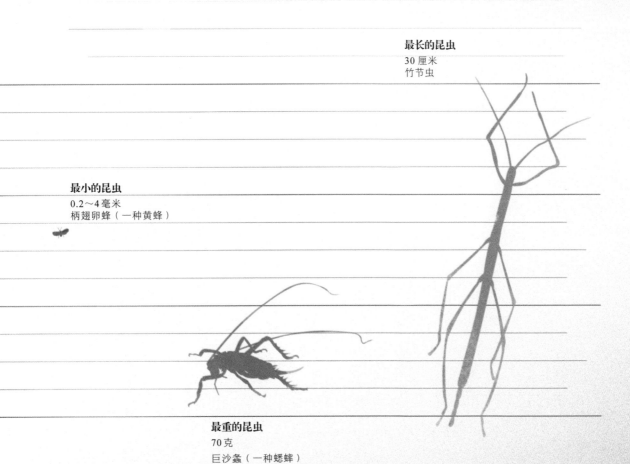

最长的昆虫
30厘米
竹节虫

最小的昆虫
0.2~4毫米
柄翅卵蜂（一种黄蜂）

最重的昆虫
70克
巨沙螽（一种蟋蟀）

3.6 哺乳动物

远在恐龙时代，地球上便出现了哺乳动物。但只有在恐龙灭绝之后，温血动物——人类就是由此进化而来——才真正开始多样化。

中生代盘古大陆的解体，导致大量哺乳动物和植物在不同气候、不同地区繁衍，这是生物多样化的主要原因。这种"生命授粉"[1]花了大约6500万年，对人类来说是相当漫长的，但相对于地球年龄而言则是短暂的。

 最小的哺乳动物
泰国猪鼻蝙蝠
重仅2克

最重和最壮的陆生哺乳动物
非洲象
重达11吨

这是真的

白令陆桥举足轻重，它使那些在北美洲进化的动物来到亚洲。这座陆桥连接着现在的西伯利亚和阿拉斯加。

1. 此处指的是生物的繁衍。——译者注

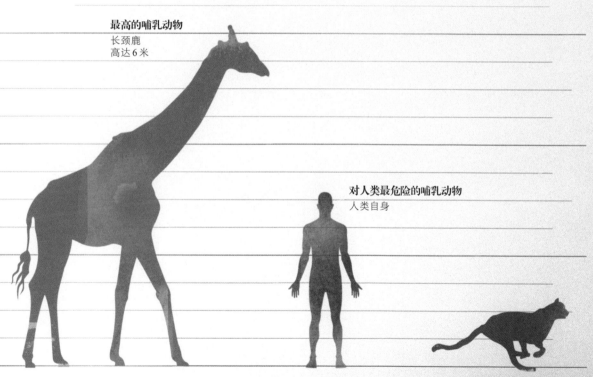

最高的哺乳动物
长颈鹿
高达 6 米

对人类最危险的哺乳动物
人类自身

速度最快的哺乳动物
猎豹
速度高达 110 千米 / 时

3.7 海洋动物

　　鱼以及大多数海洋生物远在恐龙出现之前就在地球上出现了，而世界上最早的脊椎动物实际上是无颌鱼。这类鱼的进化并不算特别成功，几乎没有留下后代。这是因为它们缺少铰链式的颌骨而无法进食。因此，在进化的过程中，有下颌骨的鱼取代了无颌鱼也就不足为奇了。这一进化非常重要，它使鱼能够获得更多种类的食物。

　　鱼类分为三大类：无颌鱼（如盲鳗）、软骨鱼（如鲨鱼）和硬骨鱼（大多数其他鱼类）。陆地动物最初是从泥盆纪（4.19亿—3.59亿年前）占主导地位的鱼类进化而来的。

最快的鱼
旗鱼
速度高达110千米/时

最小的鱼
"袖珍鱼"
仅6.35毫米长

最强壮的鱼
邓氏鱼（10米）
拥有超过4500牛顿的力量。这种鱼已经灭绝了

延伸阅读

一条鱼身上有多少鳞片，一生中保持不变。鳞片不会增多，只会变大。

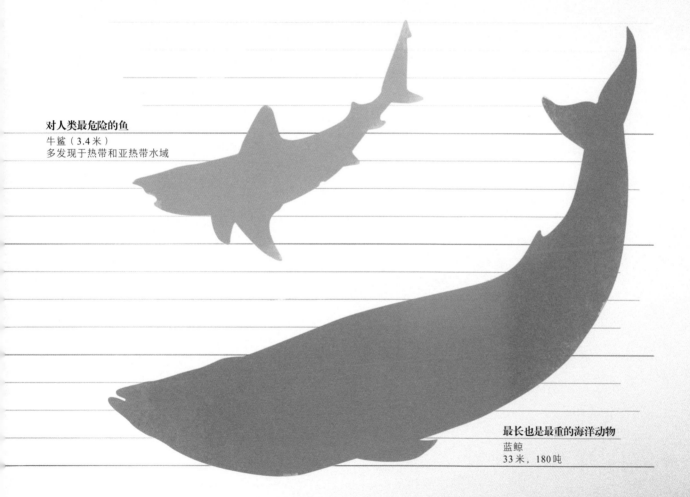

对人类最危险的鱼
牛鲨（3.4米）
多发现于热带和亚热带水域

最长也是最重的海洋动物
蓝鲸
33米，180吨

3.8 鸟类

鸟类是兽脚亚目恐龙的直系后代，最著名的兽脚类恐龙是霸王龙。

鸟类有别于其他脊椎动物的是飞行能力，这得益于其超轻的骨架（因为鸟类的骨骼是中空的）、强壮的胸肌，当然还有符合空气动力学的翅膀形状。

飞得最快的鸟
白喉针尾雨燕（刺尾雨燕）
速度高达170千米/时

最重的飞鸟
灰颈鹭鸨
重达20千克

最危险的鸟
鹤鸵
2007年被吉尼斯世界纪录评为地球
上最危险的鸟

被吃得最多的鸟
鸡
香港以人均每月1000
克鸡肉消费量而位居
世界城市榜首

延伸阅读

火烈鸟是粉红色的，因为它们的食物富含胡萝卜素——这也是胡萝卜的成色原因。

最大的飞鸟
漂泊信天翁
翼展超过3.35米

最重、最高、最强壮的鸟
鸵鸟
高3米，重160千克

最小的鸟
吸蜜蜂鸟
体长5厘米，重3克

3.9　恐龙时代

恐龙什么时候统治过地球，统治了多久？

第一批恐龙出现在三叠纪，也就是2.5亿—2.0亿年前，当时地球表面的陆地还只是一整块的盘古大陆。侏罗纪，即2.0亿—1.5亿年前，是恐龙主宰地球的时期。此时，大陆开始分裂。白垩纪，距今1.5亿—6600万年前，大陆板块的分布已经与现在类似。白垩纪晚期，威名赫赫、凶猛无比的恐龙——霸王龙主宰着地球。但与流行的神话相反，它并不是最大的恐龙。一种名为阿根廷龙的蜥脚类恐龙是目前为止生物考古发现的最大的恐龙——它重100吨，高约37米。

我们和恐龙相隔了多长时间呢？我们，也就是智人，出现在大约25万年前。

三叠纪
2.5亿—2.0亿年前（始盗龙、腔骨龙和艾雷拉龙）

侏罗纪
2.0亿—1.5亿年前（腕龙、棱背龙、双冠龙）

延伸阅读

到目前为止，人们已经发现、识别和命名了700多种恐龙。然而，古生物学家们表示，还有更多的恐龙种类（以及它们留下的化石）有待发现。希望我们能够尽快找到它们。

白垩纪
1.5亿—6600万年前
（暴龙、似鸟龙、三角龙）

3.10 是什么杀死了恐龙

　　K-T界线是史前时间轴上指示恐龙消失的标记线。这条界线指的是K线（白垩纪）和T线（第三纪）的两边。化石记录显示恐龙存在于K线一侧而非T线一侧。（当然，其前提是我们忽略了鸟类——它们是恐龙的直系后代。）

　　科学界一直争议的并非6500万年前地球气候突然发生了急剧变化（破坏了对恐龙生存至关重要的大气和环境），而是气候变化为什么如此剧烈。什么原因导致了如此剧烈的变化？

　　对于这一问题最出名，也被广为接受的答案是沃尔特·阿尔瓦雷茨和他的地质学家团队在1980年提出的理论。阿尔瓦雷茨认为，一颗小行星撞击了地球，瞬间将半径480千米内的所有生物全部杀死，并将大量碎片抛向大气层。这些碎片迅速遮蔽了阳光，导致气温下降，进而造成恐龙以及栖息在地球上的75%的生物物种的灭绝。

延伸阅读

　　我们要搞清楚恐龙时代发生了什么，有两个原因。首先，是我们感兴趣，正是这种好奇心将人类推向了伟大。其次，也许还有一个更为重要的原因，那就是如果有什么力量能够将恐龙从地球上抹去，这样的事情难道不会在我们身上重演吗？如果是这样，在其再次发生之前弄清楚它的原委，岂不更好？

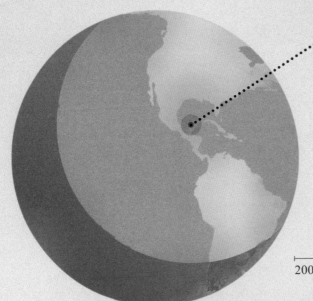

恐龙杀手（撞击地球的小行星）

时间：6500万年前
地点：墨西哥尤卡坦半岛希克苏鲁伯
陨石坑直径：180千米
小行星直径：10千米
撞击威力（以能量计）：
100万亿吨TNT 或 200万倍最大的热核弹
破坏力：使地球上75%的物种灭绝

2000千米

（如右侧所示）这是一项比较研究，比较了6500万年前导致恐龙灭绝的小行星撞击地球事件和1945年广岛原子弹爆炸事件。

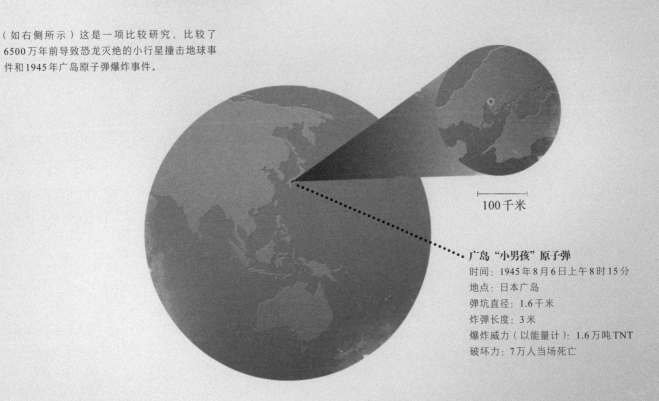

100千米

广岛"小男孩"原子弹

时间：1945年8月6日上午8时15分
地点：日本广岛
弹坑直径：1.6千米
炸弹长度：3米
爆炸威力（以能量计）：1.6万吨TNT
破坏力：7万人当场死亡

3.11 食物链

食物链是观察食物在特定环境或动物栖息地内，从一种动物向另一种动物的运动及其方向（从而提供生存所需的能量）的简单方法。食物链是生态系统的重要组成部分，它表明一个物种的生存总是与其他物种的生存密切相关。

无论哪个食物链，总是从食物链最底端的"初级生产者"（即第一个被吃掉的）开始。生物在食物链上所占据的位置被称为营养级。"初级生产者"处于第一级。

例如，在以草（初级生产者）开始的食物链中，下一个营养级将是蚱蜢（初级消费者）。然后，蚱蜢被作为次级消费者的蜥蜴吃掉，接着蜥蜴被第三级消费者吃掉，以此类推。许多生物在不同的食物链上可能处于不同的营养级。

地球生态系统的平衡依赖于食物链各营养级生物的持续供应。任何营养级的生物出现供应短缺，都会对整个食物链产生影响。如果没有足够的生产者来供应消费者，那么消费者就会死掉。如果消费者死亡，它的生产者可能会变得过于强势，从而杀死它自己的食物生产者，以此类推。

目前，世界上很多地方的食物链正面临着热带雨林等动植物栖息地遭到破坏的威胁。

延伸阅读

那些位于食物链顶端的生物被称为"顶端掠食者"。人类就是典型的例证，但也包括鲸鱼、老虎和鹰在内。

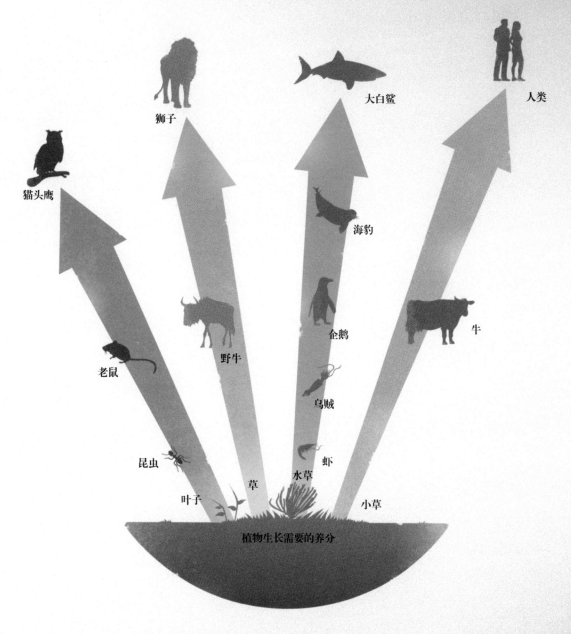

猫头鹰

狮子

大白鲨

人类

海豹

老鼠

野牛

企鹅

牛

乌贼

昆虫

虾

叶子

草

水草

小草

植物生长需要的养分

每一营养级的能量都会传递给它的消费者，但总有能量损失。
事实上，每一营养级传递到下一营养级的能量不到15%。

3.12 人和动物的寿命

丹尼尔·笛福可能是第一位强调生活中有两件必然要做的事的作家：死亡和税收。只是我们不知道死亡何时降临。

所有生物都会经历出生，然后死亡。但是对于不同的生物而言，从生到死的时间差距很大。例如，一只蜉蝣只能活30分钟，而加拉帕戈斯象龟则能活150多年。在植物界，狐尾松简直让人难以置信，它能存活5000年。

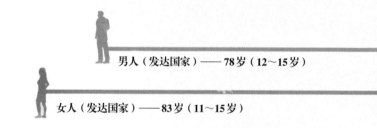

男人（发达国家）——78岁（12～15岁）

女人（发达国家）——83岁（11～15岁）

延伸阅读

那种将四个易拉罐捆绑在一起的塑料提手的寿命是400年，没人能活得过它。巧合的是，这比四罐饮料的预期寿命长了399年361天。

大象——70岁（9岁）

老鼠——4岁（雌性35天，雄性60天）

鳄鱼——45岁（雄性16岁，雌性13岁）

骆驼——50岁（5岁）

蜂王——3岁（5~7天）

绵羊——15岁（6~8个月）

马——40岁（1~2岁）

狼蛛——15岁（2岁）

沙鼠——5岁（9~12周）

袋鼠——9岁（22个月）

狗——15岁（6~12个月）

男人（非洲斯威士兰）——39.8岁（联合国寿命表排名最低）

金丝雀——24岁（5个月）

猫——15~20岁（7~12个月）

狮子——35岁（3~5岁）

（括号内的数字是人或动物的性成熟时间）

77

第 4 章

人　类

4.1 从原始灵长类动物到人的进化

像猴子、猿甚至狐猴一样，人类也被归为灵长类动物——最早的灵长类动物出现在大约6500万年前，那时恐龙已经灭绝，地球的气候再次稳定下来。回溯历史长河，这个特殊的时间节点是我们人类进化过程清晰的起点。

在灵长类动物首次出现5000万年后，灵长类动物（或类人猿）进化了，但是距离已知最早的显示出人类独特元素的灵长类动物出现还要再过1000万年。其证据是一块450万年前的化石，它证明当时的地猿始祖种的显著特征就是双足（两条腿）。随后（400万—300万年前），南方古猿湖畔种和南方古猿阿尔法种都能稳定地直立行走。在这个进化阶段，古猿的大脑依旧很小，面部特征仍然像类人猿，但是牙齿已经逐渐变小了。

延伸阅读

据信，在更新世晚期，大约7.5万年前，具有繁殖能力的智人只有区区1000对。人类正是从这个小群体进化而来的。

尼安德特人和智人一样身强力壮、聪慧机智，但是在大约3万年前他们就灭绝了，而智人则繁盛起来，最终成为"晚期智人"，即我们人类。

大约180万年前出现了直立猿人，其面部特征比猿更接近人类，体毛大大减少，脑容量已发育为现代人的3/4。

能人及其原始工具的化石遗存相继出土。能人站立起来大约有1.5米高，其脑腔的大小足以容纳一个简单的发音器官。

在接下来的200万年里，南方古猿的另外三个种开始加速进化：非洲种、粗壮种，最后是大约100万年前的鲍氏种。经历大约250万年后，其外形特征终于与能人近似。

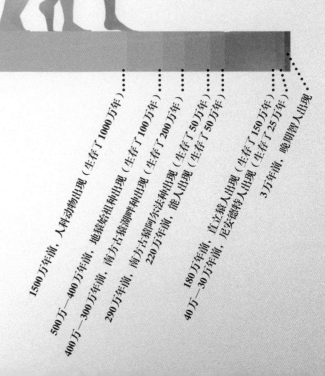

6500万年前，最早的灵长类动物出现（生存了5000万年）

1500万年前，人科动物出现（生存了1000万年）

500万～400万年前，地猿始祖种出现（生存了100万年）

400万～300万年前，南方古猿阿尔法种出现（生存了200万年）

290万年前，南方古猿湖畔种出现（生存了50万年）

220万年前，能人出现（生存了50万年）

180万年前，直立猿人出现（生存了150万年）

40万～30万年前，尼安德特人出现（生存了25万年）

3万年前，晚期智人出现

4.2 人体的组成

人体的"配方"是什么？

大多数人都知道，人体大部分是由水组成的——平均约占我们体重的60%。但是人体中的水究竟在哪里呢，为什么不会到处滴落呢？人体内的水大部分是细胞内的液体，这意味着水在我们体内的活细胞中。我们的血液只占我们身体总重量的5%。

在人体其余40%的体重中，包含了18%的脂肪、15%的蛋白质，剩余的7%主要是以骨骼形式存在的矿物质。

延伸阅读

人体是一个奇迹，只不过我们已经习以为常。为了执行哪怕是最简单的指令，或者说我们以为是最简单的指令，我们的大脑不但必须统筹和利用许多不同的肌肉，而且还得同时表达多种不同的情感。就以此刻的你为例，阅读这句话涉及许多眼部肌肉的复杂联动，以及相关大脑中枢在解析这句话的意思和体验感受时的协调一致。

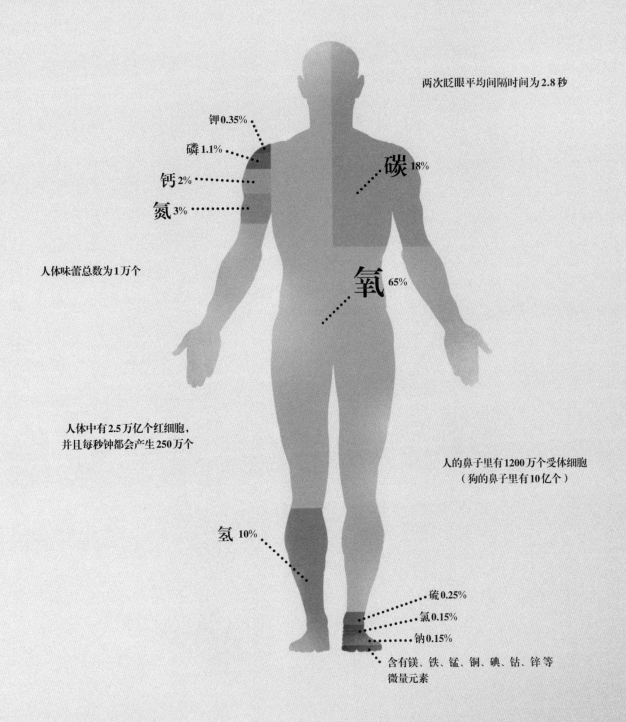

两次眨眼平均间隔时间为2.8秒

钾0.35%

磷1.1%

钙2%

氮3%

碳18%

氧65%

人体味蕾总数为1万个

人体中有2.5万亿个红细胞，并且每秒钟都会产生250万个

人的鼻子里有1200万个受体细胞
（狗的鼻子里有10亿个）

氢10%

硫0.25%

氯0.15%

钠0.15%

含有镁、铁、锰、铜、碘、钴、锌等微量元素

4.3　脱氧核糖核酸（DNA）

脱氧核糖核酸，或者人们通常所说的DNA，保存着生物所有的遗传信息。虽然是瑞士科学家弗里德里希·米歇尔于1871年首次发现了它，但是是美国科学家詹姆斯·杜威·沃森和英国科学家弗朗西斯·克里克在1953年首次正确地模拟了构成我们所知的DNA的双螺旋结构。

组成我们个体的DNA是从我们的父母那里遗传而来的。正是这种遗传的DNA中所包含的信息，使得我们从父母双方继承了不同的特质。这种组合总是各不相同的，这也是兄弟姐妹面相各不相同的原因。同卵双胞胎是个例外，那是因为他们从相同的染色体组合中发育而来。

人类的DNA有99.9%编码都是相同的。然而，这0.1%的不同，正是区分一个人与另一人的长相和个性差别的关键——这就是你之所以成为你自己的原因。也正是这0.1%的不同使得警察可以利用基因指纹去缉拿罪犯，或者还无辜者以清白。

> **延伸阅读**
>
> 就像宇宙大爆炸一样，地球上所有的一切都是同源的，我们与所有生物共享DNA。例如，60%的人类DNA与香蕉是一样的。

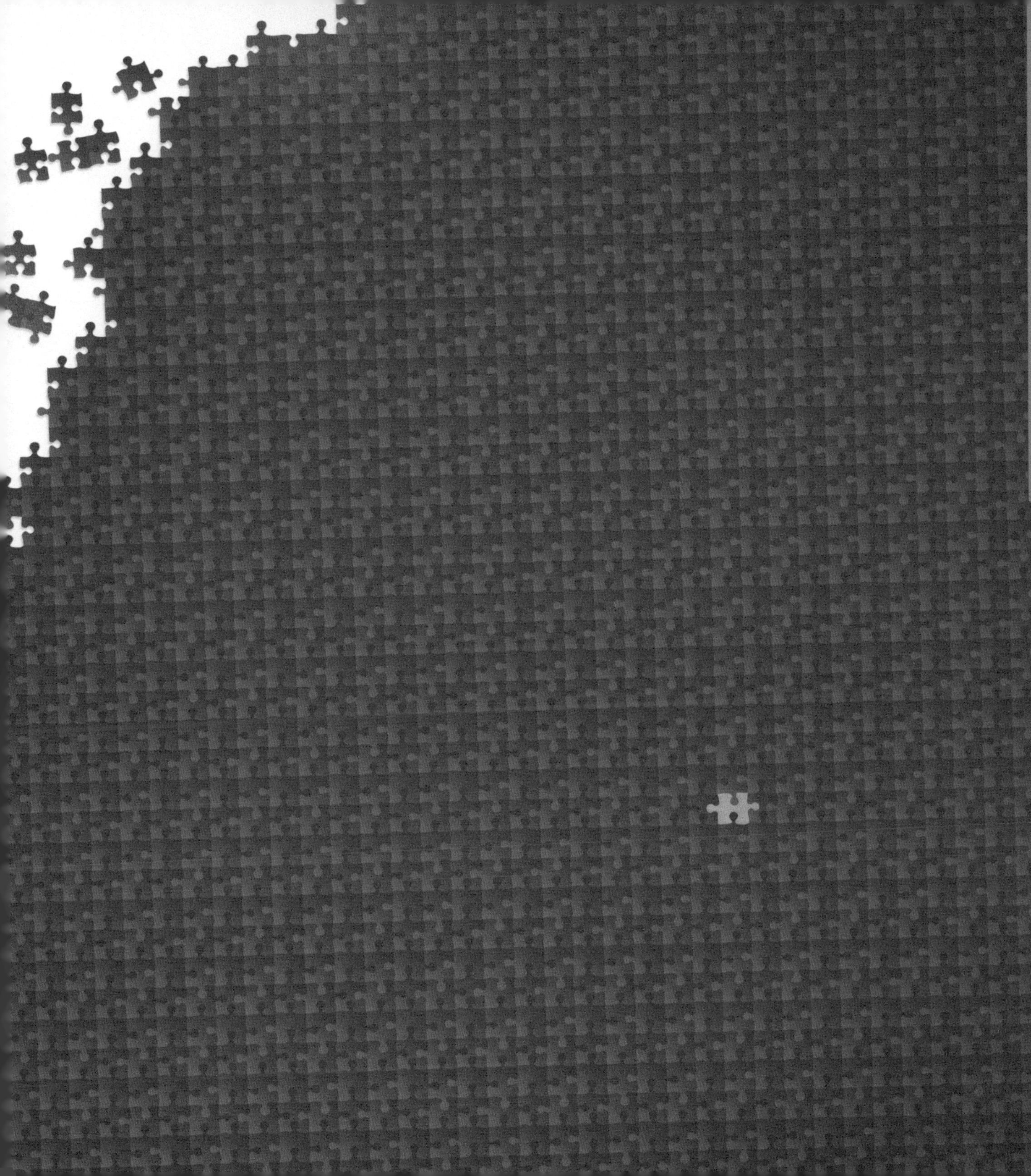

4.4 人脑

人脑是生命中枢之所在。它保存我们的记忆，控制身体的机能，使我们能够生存，最重要的是使我们能够思考。当人类学会利用火烹饪肉类时，用于消化食物的血液量就减少了。这些多余的血液使人脑体积得以增大、进化和发育，从而使得我们能够走在群体的前列。

人脑由三个主要部分组成：大脑皮层、小脑和脑干。大脑皮层又分为四个"叶"：额叶、顶叶、颞叶和枕叶。这些脑叶相互连接，由神经元和神经胶质组成。神经元承担着在全身传递电信号这件苦差事，而神经胶质则充当神经元的保镖，保护和滋养着它们。

许多对人脑的研究，以及识别哪些部分负责哪些功能，都是基于在人脑的某些部分受损，甚至被摘除时对其行为模式的监测。

延伸阅读

人脑重约 1.4 千克，约为人体重量的 2%，就脑占体重比来说，人脑是地球所有动物中最大的大脑。人脑中有 1000 亿个神经元。它是由 78% 的水、11% 的脂类、8% 的蛋白质、1% 的碳水化合物、2% 的其他物质组成的。很难计算出人脑中的存储空间有多大，但有些人估计它高达 1000 太字节。

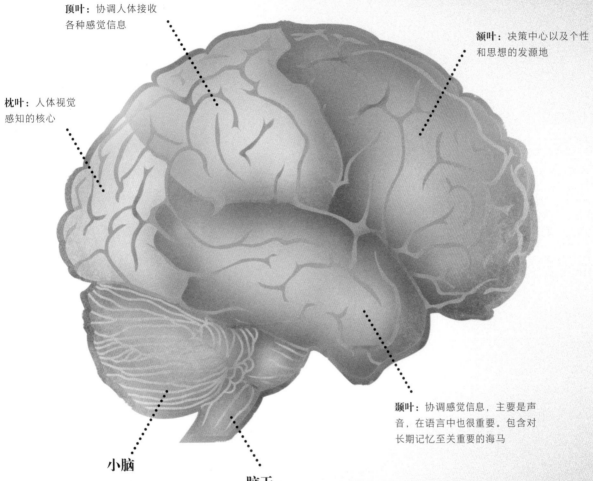

大脑皮层

顶叶：协调人体接收
各种感觉信息

额叶：决策中心以及个性
和思想的发源地

枕叶：人体视觉
感知的核心

颞叶：协调感觉信息，主要是声
音，在语言中也很重要。包含对
长期记忆至关重要的海马

小脑

接收并筛选有关运动的信息，
并将信号发送到身体的相关
部位。我们对小脑在思维过
程中的作用还所知甚少

脑干

连接着大脑和身体其他部位的
重要组织。下半部是延髓，负
责呼吸和心跳等无意识活动

脑神经元总数为1000亿个

4.5　骨骼和肌肉

虽然我们对人脑的研究还处于初级阶段，但对人体的认识已经非常深入。

一个成年人有 206 块骨头，它们共同构成骨骼。人体的其他部分被骨骼所包裹，或在骨骼周围连接了起来。我们的重要器官被固定在胸廓的保护范围内，大脑被保护在颅骨内，我们被一层保护层覆盖着，保护层的最外层就是皮肤。

我们的身体里有 600 到 800 块肌肉，这些肌肉分为三种类型：骨骼肌、平滑肌和心肌。骨骼肌与我们的骨骼相连，用于运动，我们可以有意识地控制骨骼肌的动作。平滑肌构成膀胱和胃等器官的壁，这些肌肉不需要指令就可以自动运作。心脏的壁主要由心肌组成。心肌是在人的一生中唯一不休息的肌肉组织，它的工作是将血液泵送到全身。

延伸阅读

婴儿有 300 多块骨头，软骨数量比成人多得多。在婴儿成长的过程中，软骨会骨化成骨头。因此，一些骨头会相互融合，导致一个完全成熟的成年人体内只有 206 块骨头。

人体肌肉 / 人体骨骼

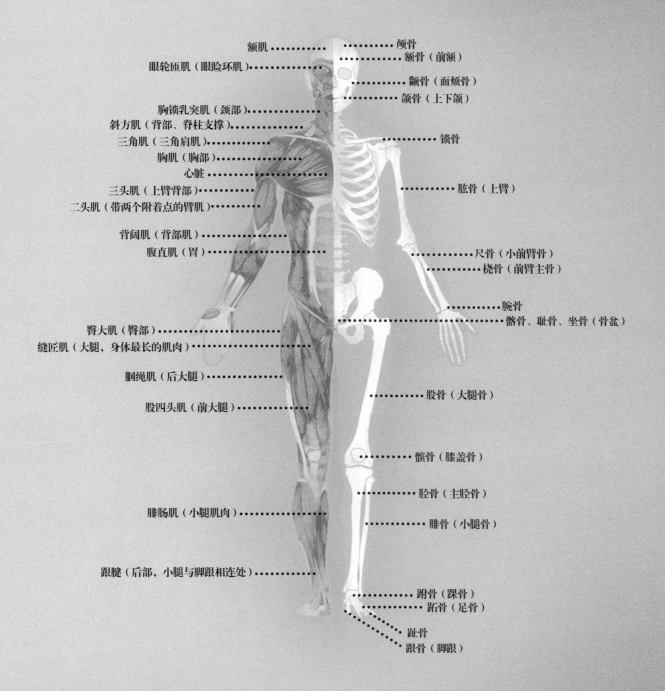

额肌 ·········· 颅骨
眼轮匝肌（眼睑环肌）············· 额骨（前额）
颧骨（面颊骨）
胸锁乳突肌（颈部）············· 颌骨（上下颌）
斜方肌（背部、脊柱支撑）·············
三角肌（三角肩肌）············· 锁骨
胸肌（胸部）·············
心脏 ·········
三头肌（上臂背部）············· 肱骨（上臂）
二头肌（带两个附着点的臂肌）·············
背阔肌（背部肌）·············
腹直肌（胃）············· 尺骨（小前臂骨）
桡骨（前臂主骨）
腕骨
臀大肌（臀部）············· 髂骨、耻骨、坐骨（骨盆）
缝匠肌（大腿，身体最长的肌肉）·············
腘绳肌（后大腿）·············
股四头肌（前大腿）············· 股骨（大腿骨）

髌骨（膝盖骨）

胫骨（主胫骨）
腓肠肌（小腿肌肉）············· 腓骨（小腿骨）

跟腱（后部，小腿与脚跟相连处）·············
跖骨（踝骨）
距骨（足骨）
趾骨
跟骨（脚跟）

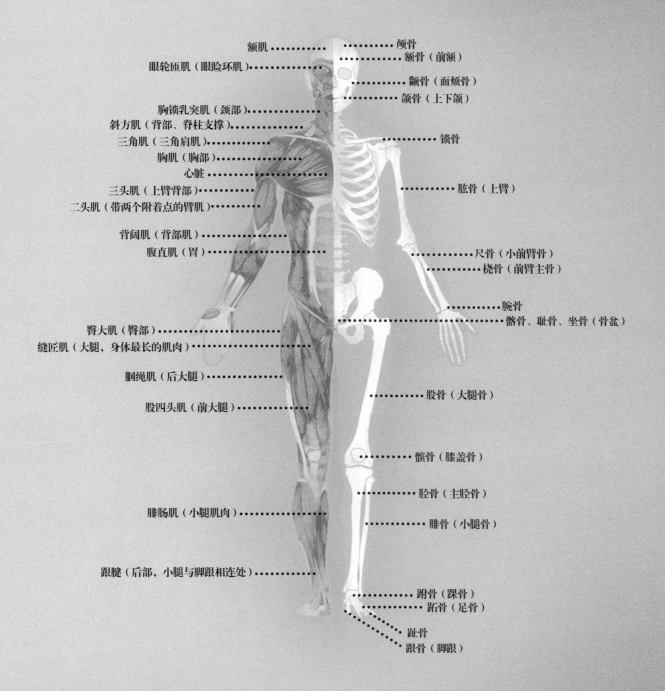

4.6 感觉

头部、颅骨和大脑的重要性可以通过以下事实来证明：五种感觉中的四种（视觉、听觉、味觉、嗅觉）都仅在该区域内运作。触觉例外，但它仍然由大脑控制，大脑处理来自全身的触觉信号。

人类是以视觉为主的动物。我们之所以能够看到东西，是因为光线进入眼睛，并聚焦在眼球后的视网膜上。视网膜中的细胞将光信号转化为电信号，然后发送给大脑进行分析。颜色和亮度信息分别由视网膜中不同的细胞处理。

声波使鼓膜振动。这些振动被传递到耳蜗内，耳蜗内的毛细胞产生神经冲动并发送到大脑。

当味蕾（主要分布在舌头上）受到刺激时，味觉就产生了。它有五种感受器，可以感受到甜、酸、苦、咸和鲜五种味道。鲜味是在1908年才被发现的一种味道，它是五种味道里最微妙的一种。事实上，许多人甚至没有意识到它的存在。

嗅觉与味觉密切相关，一者的丧失会影响到另一者。它是鼻子中的嗅觉感受器受到刺激时产生的。嗅觉感受器比味觉感受器多得多。

我们通过皮肤上的感受器感知触觉，包括覆盖在皮肤上的小汗毛。这些感受器的敏感性取决于它们在身体上的位置。例如，手掌比手背更敏感。

延伸阅读

视神经穿过视网膜的地方（不在视网膜上聚焦），是我们的盲点。遮住你的左眼，从书本上方大约20厘米的地方注视"O"，然后缓慢地前后移动，此时"X"就会消失。

O   X

每次眨眼，眼睛都会闭上 0.3 秒。这意味着
通过眨眼，眼睛每天都会闭上 30 分钟。

新生儿看到的世界是颠倒的，
他的大脑需要经过一段时间，
才能把图像翻转过来。

鼻子能分辨出 4000～10000 种
气味。年纪越大，能闻到的
气味就越少。

在大脑的所有感知过程中，
75% 涉及视觉

在大脑的所有感知过程中，
12% 涉及嗅觉、味觉和触觉

在大脑的所有感知过程中，
13% 涉及听觉

味觉是五种感觉中最薄弱的。

科学家用分贝来衡量音量。耳语是 20 分贝，
汽车噪声是 70 分贝，枪声是 140 分贝。

4.7 器官

人体躯干中的主要器官受胸腔保护，脑除外。这些器官中最重要的是心脏，因为它是向全身泵送重要的富氧血液并保障其他所有器官正常运转的泵站。

血液中携带的氧气首先由肺部处理。我们通过呼吸吸入新鲜的氧气，使肺膨胀。空气中的氧气与红细胞中的血红蛋白结合，血红蛋白释放出二氧化碳。当肺部收缩时，二氧化碳就会被排出体外。

肾脏在保持血液清洁方面起着重要作用。它每天处理大约165升血液，处理后的废物和多余的液体通过膀胱排出。

肝脏具有多种功能，其中主要的一项是产生胆汁来帮助食物消化。它还通过清除坏死的红细胞来保持血液清洁。

肠分为小肠和大肠，主要功能是加工食物和提取蛋白质、脂肪、碳水化合物和维生素。小肠约6米长，大肠只有约1.5米长。

延伸阅读

对于人类来说，呼吸是下意识的。然而，海豚的呼吸则是有意识的。

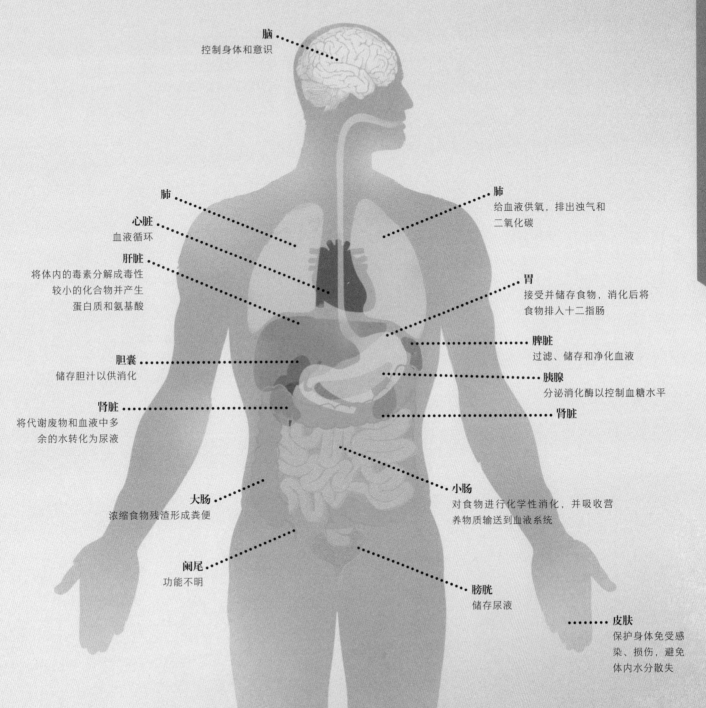

脑
控制身体和意识

肺

心脏
血液循环

肝脏
将体内的毒素分解成毒性
较小的化合物并产生
蛋白质和氨基酸

胆囊
储存胆汁以供消化

肾脏
将代谢废物和血液中多
余的水转化为尿液

大肠
浓缩食物残渣形成粪便

阑尾
功能不明

肺
给血液供氧，排出浊气和
二氧化碳

胃
接受并储存食物，消化后将
食物排入十二指肠

脾脏
过滤、储存和净化血液

胰腺
分泌消化酶以控制血糖水平

肾脏

小肠
对食物进行化学性消化，并吸收营
养物质输送到血液系统

膀胱
储存尿液

皮肤
保护身体免受感
染、损伤，避免
体内水分散失

4.8　生殖和生命的延续

保证种群的永续繁衍是所有生物的基本目的。人类通过有性生殖来繁衍后代。

有性生殖是配子的组合或结合。对于人类而言，是精子（来自男性）和卵子（来自女性）的结合。它们共同创造了一个叫作受精卵的新细胞。

每个配子包含一组染色体，而受精卵，即合子，包含两组分别来自双亲的染色体。正是在这些染色体中，来自父母的遗传物质传给了婴儿。

男性生殖系统由两部分组成——阴茎和睾丸，后者产生精子，而前者输送精子。精子不能存活太长时间，所以男性必须不断地产生精子。

女性生殖系统包括阴道、子宫和卵巢，卵巢产生卵子，精子和卵子在子宫里结合。

延伸阅读

在有性生殖之前，细胞只能自我复制，这意味着进化在自我复制发生错误时才会发生。有性生殖是加速进化的重要因素。

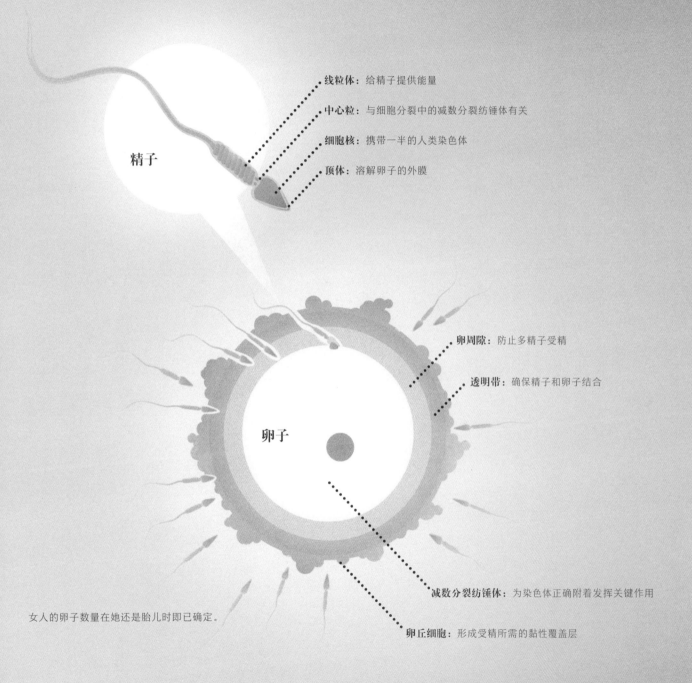

精子

线粒体：给精子提供能量

中心粒：与细胞分裂中的减数分裂纺锤体有关

细胞核：携带一半的人类染色体

顶体：溶解卵子的外膜

卵子

卵周隙：防止多精子受精

透明带：确保精子和卵子结合

减数分裂纺锤体：为染色体正确附着发挥关键作用

卵丘细胞：形成受精所需的黏性覆盖层

女人的卵子数量在她还是胎儿时即已确定。

4.9　人体是怎么工作的

随着人类不断进化，我们从狩猎采集的生活方式慢慢转向定居，我们必须消化更多种类和更多数量的食物，消化系统也在不断进行适应性进化。

消化系统进化的第一步是牙齿。随着时间的推移，牙齿的变化非常显著。随着人类对食物切割和烹饪能力的提高，牙齿功能得到增强，帮助胃消化更小、更易消化的细碎食物。

消化系统进化过程中最大的一次飞跃是发现了用火来烹饪肉类和蔬菜的方法。这迅速使胃更容易从肉中吸收蛋白质，还让人类可以从植物中获得营养物质，这些营养物质不经过烹饪是无法消化的。

有许多系统控制着你的身体，它们是：

1.呼吸系统（调节呼吸）

2.循环系统（调节血液循环）

3.消化系统（消化、转运食物，摄取营养）

4.内分泌系统（调节身体激素）

5.免疫系统（调节保护性防御）

6.生殖系统（调节精子、卵子、受精的产生）

7.泌尿系统（排出代谢废物）

8.神经系统（调节神经元）

延伸阅读

火的利用不但对烹饪至关重要，同样重要的是，火让人类的活动从白天延续到了夜晚。人类的活动时间就这样突然之间不再受太阳的制约。

嘴
食物在嘴里被咀嚼以帮助消化

喉咙
吞咽——一个有意识的指令，将食物送入咽喉

食管
食物入胃的通道。食管下括约肌收缩，食管与胃之间的入口关闭；食管下括约肌舒张，食物由食管进入胃部

胃
食物入胃，胃的工作就真正开始了。食物和消化液混合后，被传送到小肠

小肠
在这里，营养物质被吸收，生成水谷精微，并输送到胰腺和肝脏，其余物质则排入大肠

大肠
在这会进行最后的消化，剩余的营养物质被提取出来

在此之后，食物残渣会被推入结肠，并通过最后的括约肌，即肛门，排出体外

在整个系统中，我们的身体产生消化液，把食物分解成营养物质。从嘴里的唾液开始，然后是肝脏分泌的胆汁。

4.10 语言的发展

动物也会交流，但是到目前为止，人类拥有最复杂的沟通能力，这也是人类出类拔萃的另一个原因。

在1400万年前，人类最早的交流水平与现代类人猿一样。直立行走是人类向开口说话迈出的第一步。它改变了头骨和身体的相对位置，从而拉长了声道。这意味着在生理上我们可以发出音域更广、更多样的声音。

大约在250万年前的匠人时代和60万年前的海德堡人时代，人们认为母亲们发展出一种"婴语"来安慰她们的孩子，这是严格意义上的人类说出的最早语言。

有一些用多种材料制造的先进工具化石被当作语言和说话进一步发展的证据。这背后的原因是，只有口头交流才能传递那些有关工具制造的知识。

语言发展中最大的飞跃之一，是能够谈论那些不管是从空间而言还是从时间而言，都不在眼前的事物。尽管传授工具制造知识也很重要，但是思考以及将所思说出来的功能才使我们的语言达到了今天的水平。

延伸阅读

韦尼克区（大脑皮层后部）和布洛卡区（大脑皮层前部）是大脑中控制语言的两个区域：韦尼克区决定我们想说什么，布洛卡区向肌肉发送刺激以发出声音。

世界上最长的单词

indfleischetikettierungsüberwachungsaufgabenübertragungsgesetz
德语（关于牛肉标签的德国法律，63个字母）

Anticonstitutionnellement
法语（"违宪的"，25个字母）

Pneumonoultramicroscopicsilicovolcanokoniosis
英语（一类肺病，45个字母）

Nghiêng
越南语（"倾斜的"，7个字母）

וניתפולקיצנאלשכו
希伯来语（"那么何时可以进入我们的百科全书"，19个字母）

リュウグウノオトヒメノモトユイノキリハズ）
日语（海草的名字，21个字母）

Precipitevolissimevolmente
意大利语（"匆忙地，突然地"，26个字母）

Electroencefalografistas
西班牙语（"使用脑电图仪的技术人员"，24个字母）

Dampskipsundervannsstyrkeprøvemaskinerikonstruksjonsvanskeligheter
挪威语（"轮船—水下的—力量—测试—机器—施工—困难"，66个字母）

ateaturipukakapikimaungahoronukupokaiwhenuakitanatahu
毛利语（毛利地名，世界上最长的地名，85个字母）

这是真的

Hippopotomonstrosesquipedaliophobia
（35个字母）是"长单词恐惧症"。

99

4.11 记忆

如果我们之所以是我们，是因为我们所经历过的所有事情，那么记忆就是决定我们是谁的基础。如果我们没有记忆，那么我们每秒钟都在重生。

记忆的过程有三个基本阶段：识记、存储和回忆。一般认为，我们有两个主要的存储区域：短期记忆区和长期记忆区。

当我们记录一个事件、一个事实，或者仅仅是一个人名时，感官接收到的信息就会刺激我们大脑中的神经元。当我们记住那个事情时，这些同样的神经元就会以相同的方式被再次激活，记忆就会被唤醒。记住的过程，可以通过最简单的类比，即计算机中使用的最古老的系统——穿孔卡。

长期记忆和短期记忆之间的区别在于，对于后者来说，孔洞不是永久的，只有通过重复才能将孔洞保留下来并移动到长期记忆区中。最经典的例子就是电话号码。当朋友告诉我们一个电话号码时，我们只是在拨号这一会儿能保持短期记忆。如果不通过长时间地重复，短期记忆很快就会消失。

延伸阅读

分组记忆是一种帮助记忆的简单方法，特别是记数字。记电话号码时，我们会很自然地在头脑中将其分成几组。最佳分组大小是三位数。

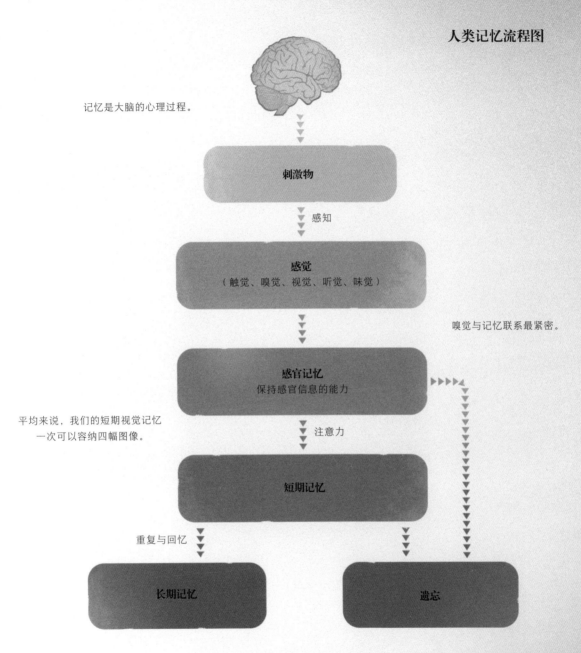

人类记忆流程图

记忆是大脑的心理过程。

刺激物

感知

感觉
（触觉、嗅觉、视觉、听觉、味觉）

嗅觉与记忆联系最紧密。

感官记忆
保持感官信息的能力

平均来说，我们的短期视觉记忆
一次可以容纳四幅图像。

注意力

短期记忆

重复与回忆

长期记忆

遗忘

大脑中的海马是我们所有短期记忆形成和存储的地方。
当有人要你记一个电话号码时，它会直接进入海马。

101

4.12 从受精到出生

这个时间表详细记述了胎儿在子宫中的成长和发育。

第1周
受精和细胞分裂
和字母i的点一样大

第2周
和图钉一样大
150个细胞
三个胚层：内胚层（形成呼吸和消化系统）、中胚层（骨骼、循环系统）、外胚层（大脑、神经系统、头发、皮肤和指甲）

第4周
和米粒一样大
5毫米
胚胎不再像鸡蛋了
手臂和腿的芽出现了

第6—8周
和豆子一样大，1.5～2克
9～22毫米，像头部的小洞
眼睛和耳朵开始形成，反应能力明显，嘴巴可以张开
脑细胞和肺迅速发育，骨头形成，所有重要器官都出现

第9周
和高尔夫球一样大
5.5厘米，10克
嘴巴可以张开，眼睛完全成形，心跳150次/分

第11周
和信用卡一样大
8.5厘米，30克
重要的器官能正常运行
胎儿能吞咽了

第12周
和手机一样大
10厘米，45克
面部肌肉能活动

第13—18周
和一美元钞票一样大
12～20厘米，65～135克
绝大部分身体部位和器官成形；心跳速度是母亲的两倍。婴儿可以听见声音，但并不能理解声音。现在成长速度加快了

第19—20周
和足球一样大
21～23厘米，280～360克
乳牙开始形成。胎脂出现了。它会保护皮肤，但在出生之前就会

第22周

和篮球一样大

26厘米，480克

开始产生可以抵抗疾病的白细胞。皮肤是透明的

第23—26周

28~32厘米，550~740克

第一批指纹和听觉系统成形

骨头硬度增加。婴儿会吸吮拇指，并且能够哭泣

第27—30周

35~37厘米，900~1400克

眼睛可以睁开。如果是男宝宝，睾丸降入阴囊。此刻听到的音乐会被记住。胎儿会充分利用子宫空间

第31—35周

和保龄球一样大

40~45厘米，1700~2300克

胎脂和胎毛开始脱落，胎儿开始练习呼吸，头发生长出来了

第38周

50厘米，2800克

肺为适应空气做准备

婴儿出生

延伸阅读

胎毛是一种生长在胎儿身上的茸毛。它有助于调节体温，并在出生前脱落。有些动物，如大象，出生时仍然被胎毛覆盖着。

103

第 5 章

环境和社会

5.1　人口增长

世界范围内，城市是随着农业耕作的机械化而发展起来的。由于粮食生产需要的劳动力数量减少，人们只好进城谋生。

一开始，城市吸引工人从农场到工厂工作。随着城市的发展，工人数量越来越多。然而，随着我们的生产方式变得越来越复杂，城市作为制造中心的重要性降低。在发展中国家，重要城市还在扩张，还在进行工业生产。但是，在发达国家，城市以服务业为主，这里实际上并不生产什么东西，只做贸易。

随着大城市人口不断增加，解决容纳能力有两个选项：向上或者向外发展，甚至两者并用。于是，这些庞大的城市不断把周边的村镇囊括进去。

对大多数重要城市而言，造就其地位的条件是相同的。几乎无一例外，重要城市总是离水较近，要么濒海，要么靠近大的河流。水路（河流、港口、海岸）能够提供水运之便，因此靠近江河湖海对于城市的发展至关重要。

延伸阅读

在英格兰，教堂是城市的标志。因此，相对较小的地方也可以是城市，而众多人口聚居的地方可能依然是城镇。

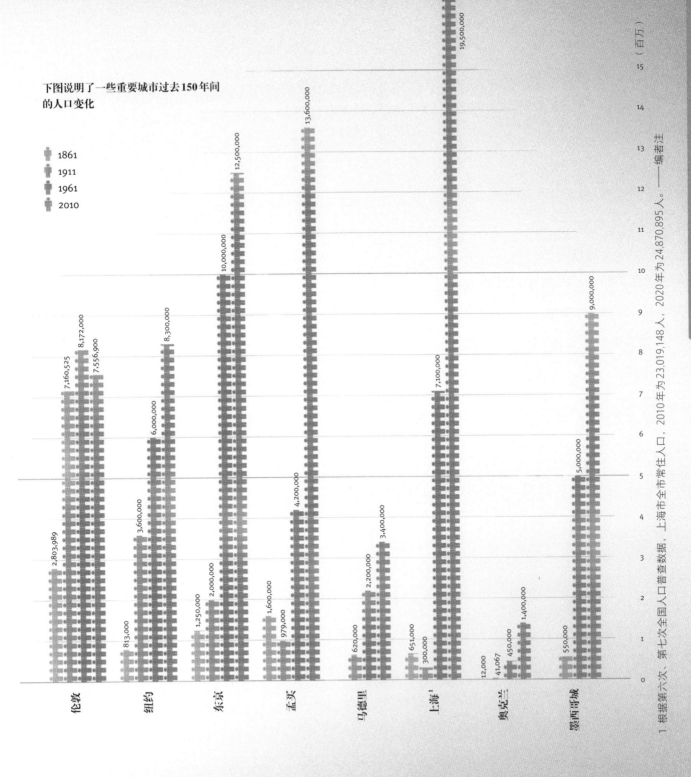

下图说明了一些重要城市过去150年间的人口变化

- 1861
- 1911
- 1961
- 2010

（百万）

伦敦　2,803,989　7,160,525　8,172,000　7,556,900

纽约　813,000　3,600,000　6,000,000　8,300,000

东京　1,250,000　2,000,000　10,000,000　12,500,000

孟买　1,600,000　979,000　4,200,000　13,600,000

马德里　620,000　2,200,000　3,400,000

上海[1]　651,000　300,000　7,100,000　19,500,000

奥克兰　12,000　41,067　450,000　1,400,000

墨西哥城　550,000　5,000,000　9,000,000

编著注——

1. 根据第六次、第七次全国人口普查数据，上海市全市常住人口，2010年为23,019,148人，2020年为24,870,895人。

5.2　主粮生产

随着全球人口迅速接近70亿[1]，如何养活每一个人成为一个大问题。虽然现代农业技术大大地增加了粮食单产，但这仍将是一项艰巨的任务。世界粮食计划署的统计数据表明，世界上仍有将近10亿人面临饥饿。与此同时，甚至是最乐观的统计数据也表明，在全球范围内有20%的食物被浪费了。显而易见，我们本有能力养活所有人。

不管在哪里，都有一些粮食被公认为主粮。它们通常价格低廉，又是可靠的营养来源。特别是在比较贫穷的国家，主粮是日常饮食的主要部分。目前，主粮的生产被世界上少数几个国家垄断。人们常说，20%的人口生产了世界上80%的粮食。

延伸阅读

全世界每年消耗大约4亿吨大米，相当于4万亿份100克的米饭。

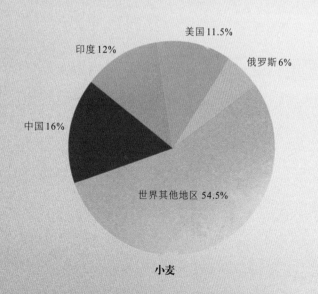

小麦

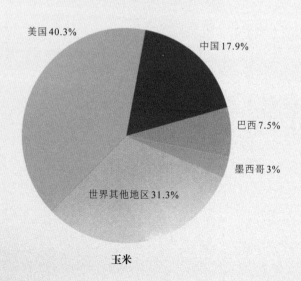

玉米

1. 根据联合国人口基金统计，2022年全球总人口约79.54亿。——编者注

主粮、牛肉、香蕉原产国产量占比

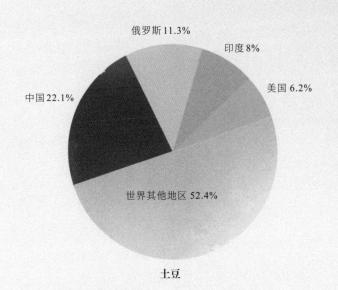

俄罗斯11.3%
印度8%
美国6.2%
中国22.1%
世界其他地区 52.4%

土豆

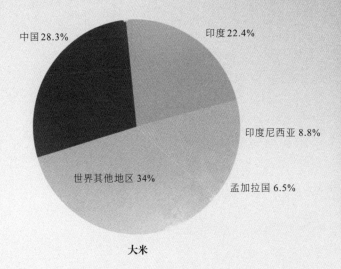

中国28.3%
印度22.4%
印度尼西亚8.8%
孟加拉国6.5%
世界其他地区 34%

大米

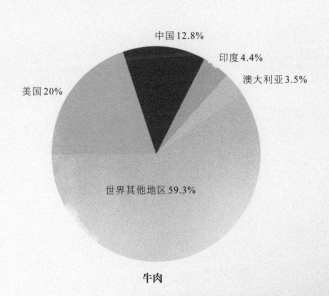

中国12.8%
印度4.4%
澳大利亚3.5%
美国20%
世界其他地区 59.3%

牛肉

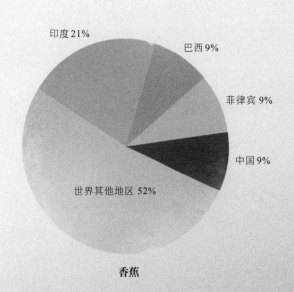

印度21%
巴西9%
菲律宾9%
中国9%
世界其他地区 52%

香蕉

5.3 视觉艺术

视觉艺术始于大约3万年前的洞穴壁画。它们描绘的是早期人类所看到的身边的事物。这些绘画中动物很多，原因就在于此。

1993年，英国概念派艺术家达米恩·赫斯特展出了一件名叫《母子分离》的作品。该作品由四个盛满甲醛水溶液的玻璃箱组成，一剖为二的母牛分别浸泡在其中两个箱子里，一剖为二的牛犊分别浸泡在另外两个箱子里。

视觉艺术，在历史的长河中历久弥新。

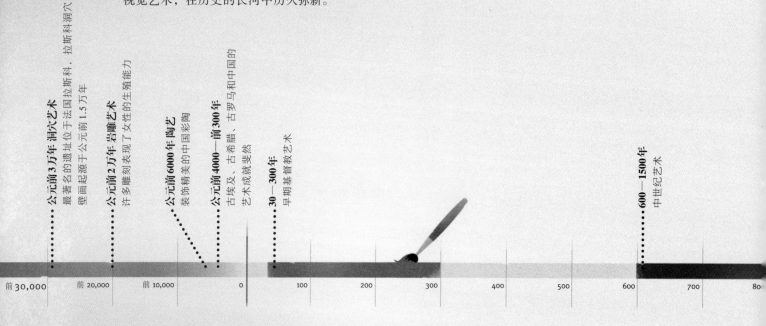

公元前3万年 洞穴艺术
最著名的遗址位于法国拉斯科，拉斯科洞穴壁画起源于公元前1.5万年

公元前2万年 岩雕艺术
许多雕刻表现了女性的生殖能力

公元前6000年 陶艺
装饰精美的中国彩陶

公元前4000—前300年
古埃及、古希腊、古罗马和中国的艺术成就斐然

30—300年
早期基督教艺术

600—1500年
中世纪艺术

前30,000　前20,000　前10,000　0　100　200　300　400　500　600　700　80

公元前2575—前2150年
吉萨金字塔群

公元前550年
切尔纳沃德镇的思想者塑像
公元前200年
秦始皇陵兵马俑
公元前150年
《米洛斯的维纳斯》

这个时间轴详细展示了伟大的
视觉艺术成果及其时代

延伸阅读

　　法国艺术家亨利·马蒂斯是20世纪初期现代艺术的领军人物。然而，1961年他的作品《船》被倒挂在了纽约现代艺术博物馆里。虽然这幅作品广受赞誉，但是那么多的观众竟然没有人发现这幅作品被倒挂了。47天后，这幅画才以正确的方式挂了起来。

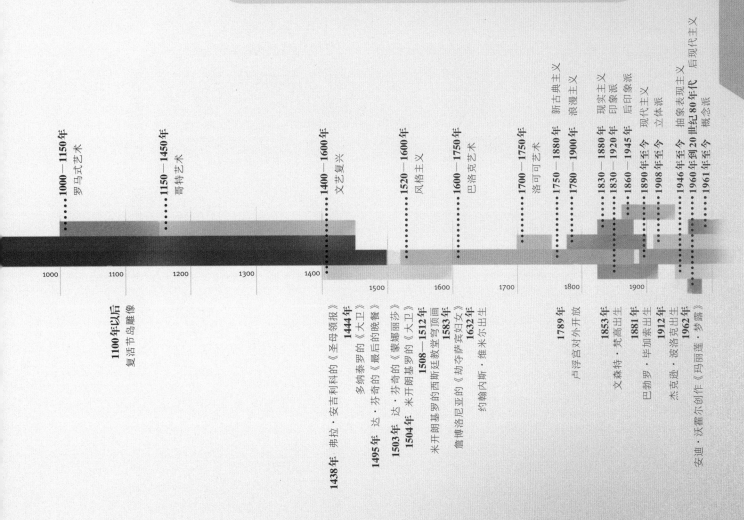

5.4 音乐

从用棍子在绷紧的兽皮上敲击的嘭嘭声，到用骨头和岩石敲击的嘭嘭声，音乐（古希腊语意为"缪斯的艺术"）对人类文化产生了深远的影响。

我们无从得知，音乐当初何以成为人类生活的重要部分，但是从鸟儿啁啾到昆虫和鸣，大自然显然为我们提供了丰富的音乐样本。

古典音乐是一个主要的音乐流派，它总体上延续了1500多年。在这期间，古典音乐的风格虽有变化，但相对和缓而有节制。1900年之后，才出现了诸多变化。

拜广播和电视所赐，不分白天黑夜，任何时候我们都能听到如下所列的不同风格的音乐，包括中世纪的音乐。

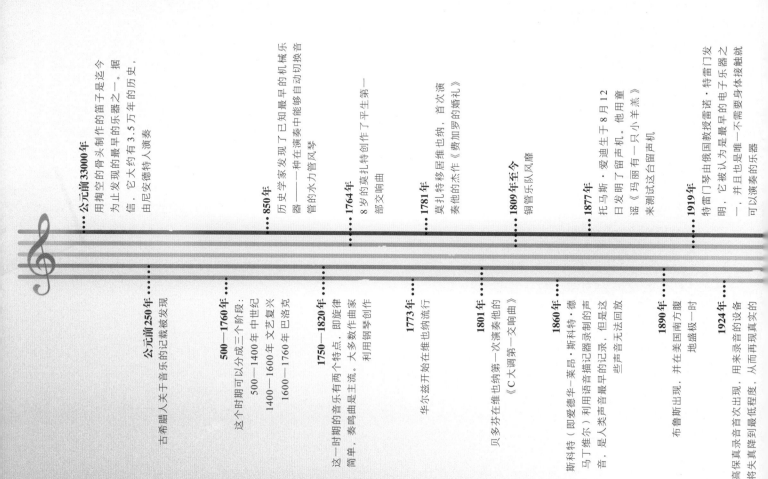

公元前33000年
用掏空的骨头制作的笛子是迄今为止发现的最早的乐器之一。据信，它大约有3.5万年的历史，由尼安德特人演奏

850年
历史学家发现了已知最早的机械乐器——一种在演奏中能够自动切换音管的水力管风琴

1764年
8岁的莫扎特创作了平生第一部交响曲

1781年
莫扎特移居维也纳，首次演奏他的杰作《费加罗的婚礼》

1809年至今
铜管乐队风靡

1877年
托马斯·爱迪生于8月12日发明了留声机。他用童谣《玛丽有一只小羊羔》来测试这台留声机

1919年
特雷门琴由俄国教授雷翁·特雷门发明，它被认为是最早的电子乐器之一，并且是唯一不需要身体接触就可以演奏的乐器

公元前250年
古希腊人关于音乐的记载被发现

500—1760年
这个时期可以分成三个阶段：
500—1400年中世纪
1400—1600年文艺复兴
1600—1760年巴洛克

1750—1820年
这一时期的音乐有两个特点，即旋律简单，奏鸣曲是主流。大多数作曲家利用钢琴创作

1773年
华尔兹开始在维也纳流行

1801年
贝多芬在维也纳第一次演奏他的《C大调第一交响曲》

1860年
斯科特（即爱德华·莱昂·斯科特·德马丁维尔）利用语音声描记器制作的声音，是人类最早的录音记录，但是这些声音无法回放

1890年
布鲁斯出现，并在美国南方腹地盛极一时

1924年
高保真录音首次出现，用来录音的设备将失真度降到最低程度，从而再现真实的声音

112

延伸阅读

2008年，从互联网上下载的音乐中有95%是非法获取的。据估计，平均每个青少年所用的iPod中有800首是盗版音乐。2010年，世界上最火爆的在线数字媒体商店iTunes宣布，运营不到7年来已经售出了100亿首下载歌曲。

这个时间轴详细展示了部分杰出的音乐成就。

磁带问世，从而实现了录音和音乐播放的革命

1935年 被称为"K1"的卷轴录音机问世，并利用德国工程师弗里茨·波弗劳姆发明的磁带进行了演示

1948年 哥伦比亚唱片公司引进了第一张LP（长时间播放）唱片。每面都可以播放17分钟的音乐

1963年 小史蒂夫·汪达12岁时录制的歌曲《指尖2》在他13岁时的候走红

1966年 鲍勃·戈德斯坦创造了"多媒体"这个单词

1977年 明克音乐改变了音乐的面貌

1982年 迈克尔·杰克逊发布了专辑《颤栗》。该专辑仍然是目前为止最畅销的专辑之一，某种程度上因为该专辑收入了7首单曲的音乐视频

1999年 肖恩·范宁和肖恩·帕克共同创建了纳普斯特——第一个数字音频播放器文件共享程序

2008年 11月，通过互联网下载的音乐销量首次超过CD。苹果宣布通过他们的iTunes商店，歌曲下载量突破10亿首

1934年 美国工程师劳伦斯·哈蒙德发明了哈蒙德电动风琴

1946年 埃尔维斯·亚伦·普雷斯利从图珀洛的一个五金店买了他的第一把吉他——价格为12.95美元

1951年 计算机程序员杰夫·希尔亚通过计算机编程演奏音乐，这是计算机生成音乐的首次演示

1964年 来自利物浦的披头士乐队在美国电视台的《埃德·沙利文秀》上为7300万观众表演

1976—1982年 制造商飞利浦公司和索尼公司生产了最早的光盘

1981年 音乐录像带发行。第一支录像带是巴格斯乐队的《录像带杀死广播明星》

1994年 滚石乐队（此处原文为"Rolling Stones"，即滚石乐队，另有说法认为，是Severe Tire Damage乐队于1993年进行了首次网上直播演唱会。成为第一支在网上直播的乐队。这是一种网络空间多播形式——编者注）

2001年 苹果公司在10月23日推出了时尚的iPod，这是一个便携式媒体播放器

2010年 少年流行歌星贾斯汀·比伯的视频在油管（YouTube网站）上被观看10亿次以上

5.5 经典好书

有史以来销量最多的书籍

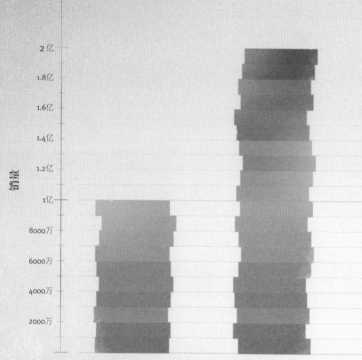

销量

- 2亿
- 1.8亿
- 1.6亿
- 1.4亿
- 1.2亿
- 1亿
- 8000万
- 6000万
- 4000万
- 2000万

曹雪芹《红楼梦》（1791年）

销售 1 亿册

曹雪芹只写了《红楼梦》120 回中的前 80 回

查尔斯·狄更斯《双城记》（1859年）

销售 2 亿册

在狄更斯自己主办的杂志《一年四季》上分 31 次连载

约翰娜·斯比丽《海蒂》（1880年）

销售 6000 万册

1968 年美国橄榄球联赛的转播因为与影片《海蒂》撞车而提前结束。比赛最后时刻，奥克兰突袭者队反败为胜，但是电视机前并没有人看他们的比赛

H.瑞德·哈格德《她》（1887年）

销售 6500 万册

《她》是《不可违背的女人》（*She Who Must Be Obeyed*）的简称

安托万·德·圣埃克苏佩里《小王子》（1943年）

销售 8000 万册

《小王子》的故事发生在小行星 B612。1993 年小行星 46610 被发现，它被命名为 Bésixdouze ¹ 来致敬《小王子》这本书

1. 来自法语的人工合成词。Be(B)-six(6)-douze(12)。——译者注

114

延伸阅读

迄今为止,《圣经》已经销售了 40 多亿册,而 J.K. 罗琳的 7 卷本《哈利·波特》是销量最高的现代系列小说。1997 年《哈利·波特与魔法石》问世以来,已经售出 4.5 亿多本,同时还有来自好莱坞电影版权的数十亿美元收入。

C.S. 刘易斯《纳尼亚传奇》(1950 年)
销售 8500 万册

这是七卷本《纳尼亚传奇》当中的第一本。刘易斯去世那天,正好是美国总统约翰·肯尼迪遇刺的日子

L.D. 塞林格《麦田里的守望者》(1951 年)
销售 1.2 亿册

1980 年,马克·查普曼枪杀摇滚明星约翰·列侬时,随身携带的就是这本书

约翰·罗纳德·瑞尔·托尔金《指环王》(1955 年)
销售 1.5 亿册

《指环王》的创作用了 12 年,它的出版又用了 6 年

保罗·科埃略《牧羊少年奇幻之旅》(1988 年)
销售 6500 万册

健在的作家当中,科埃略的这本书被翻译的次数最多我们可以在科埃略的博客上免费下载他的部分小说

丹·布朗《达·芬奇密码》(2003 年)
销售 8000 万册

显而易见,《达·芬奇密码》不过是本科幻小说,但这部小说招致了某些基督教团体的抵制

5.6 电视

在发达国家，几乎每个家庭都有一台电视机，很多家庭还不止一台。1925年，苏格兰的约翰·洛吉·贝尔德发明了电视机，在不到一个世纪的时间里就征服了世界，改变了我们的生活方式。

在发达国家，人均每周看电视的时间超过20小时。除了工作和睡觉，看电视是人们花费时间最多的活动。况且，即便是在不看电视的时候，人们还会用不少时间讨论看过的电视节目。

尽管收视率和电视机拥有率已经很高，但是卫星电视的出现和频道的增加，进一步推动了电视机的销售。可供选择的节目多了，家庭成员在相同时间观看不同的节目是再正常不过的事情了。以美国为例，75%以上的家庭不止一台电视机，50%以上的家庭有3台以上。

1900年
俄国科学家康斯坦丁·波斯基创造了"电视"这个词

1906年
俄国科学家鲍里斯·罗辛利用阴极射线管制造了第一台机械电视机

1925年10月2日
苏格兰发明家约翰·洛吉·贝尔德第一次在电视机上演示了动态图像

1928年
美国人查尔斯·詹金斯成立了第一家电视台

1930年3月30日
英国广播公司试播

1936年
英国广播公司在亚历山大宫正式播放电视。当时全球电视机不足1000台

1936年
第一次电视直播体育赛事——柏林奥运会

1939—1945年
在第二次世界大战期间，世界各地的电视传输几乎全部停止。当时，英国大概有2万台电视机

1940年
美国人彼得·戈德马克（曾在哥伦比亚广播公司工作）首次演示了彩色电视系统

1941年
宝路华手表在电视上发布广告，这是第一个电视商业广告。这个20秒的广告花了9美元

1946年
约翰·洛吉·贝尔德去世

1947年10月5日
哈里·杜鲁门总统首次在白宫发表电视讲话

1949年
美国有100万台电视机

1951年
美国有1000万台电视机

1952年6月30日
《指路明灯》（*The Guiding Light*）在美国电视台首播。它成了世界最长的肥皂剧。2009年9月才最终完结

1953年
在美国有2500万台电视机

1954年
世界杯足球赛通过电视转播

1954年
美国出现了彩色电视机

1960年
《加冕街》（*Coronation Street*）开始在英国播出。它是最长的在播肥皂剧

1962年
电星1号——第一颗电视中继卫星发射成功

1969年7月20日
6亿人观看了登月电视直播

1997年9月6日
20亿人观看了戴安娜王妃葬礼电视直播

2007年
西班牙国营电视台取消了斗牛节目

2009年
具备3D功能的电视机面市

延伸阅读

1982年，日本精工生产了世界第一只电视手表，手表屏幕直径只有3.8厘米。

5.7 电影

很多人认为，1906年的澳大利亚电影《凯利帮的故事》是电影史上的第一部故事片。这部电影长达70分钟，比之前的所有影片都要长。这部电影是在法国卢米埃尔兄弟发明电影10年之后搬上银幕的。

从1895年奥古斯塔·卢米埃尔和路易斯·卢米埃尔第一次放映电影以来，电影所发生的真正的重大进步只有两次。《唐璜》尽管没有对话，但它是第一部同步配音的电影。一年之后的1927年才出现了首部"真正的"对话电影《爵士歌手》。有声电影出现之后，许多默片影星的职业生涯就此终结，而整个行业却一路向前。

电影的另一个重大进步是颜色的出现。自20世纪10年代中期以来，电影开始使用双色系统。直到1932年，迪士尼电影《花与树》才出现了真正的三色系统。

此后，电影的进步主要集中在画面的尺寸与形状方面。3D放映一直是人们感兴趣的技术。这项技术从20世纪20年代开始出现，20世纪50年代一度进入黄金时代。此后开始衰落，直到21世纪初，又重返主流。现在的许多大片都有2D和3D两种模式。

延伸阅读

美国电影艺术与科学学院奖就是家喻户晓的奥斯卡金像奖。美国电影艺术与科学学院成立于1927年。

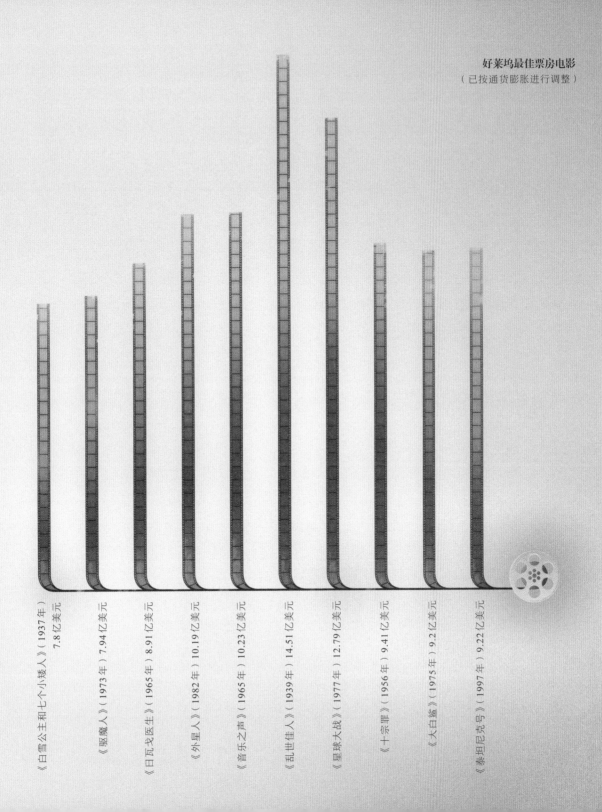

好莱坞最佳票房电影
（已按通货膨胀进行调整）

《白雪公主和七个小矮人》（1937 年）
7.8 亿美元

《驱魔人》（1973 年）7.94 亿美元

《日瓦戈医生》（1965 年）8.91 亿美元

《外星人》（1982 年）10.19 亿美元

《音乐之声》（1965 年）10.23 亿美元

《乱世佳人》（1939 年）14.51 亿美元

《星球大战》（1977 年）12.79 亿美元

《十宗罪》（1956 年）9.41 亿美元

《大白鲨》（1975 年）9.2 亿美元

《泰坦尼克号》（1997 年）9.22 亿美元

5.8 体育

体育史上的重要时刻

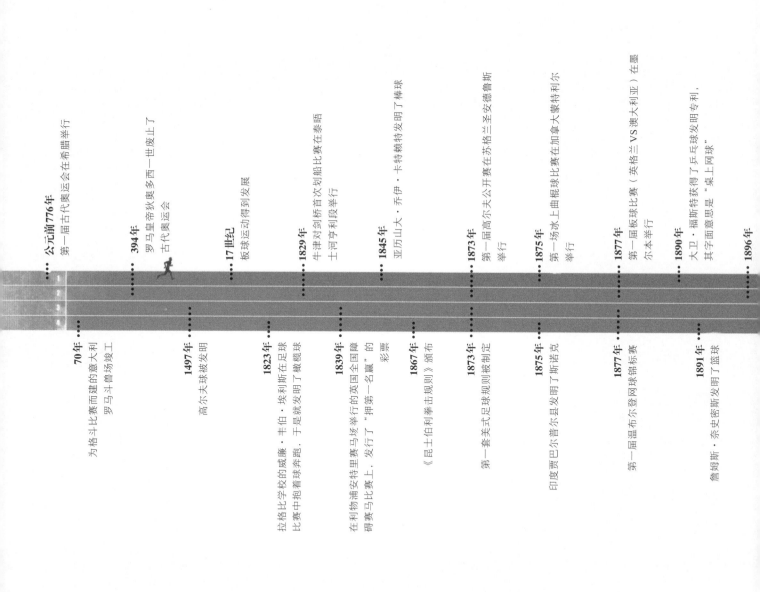

公元前776年
第一届古代奥运会在希腊举行

394年
罗马皇帝狄奥多西一世废止了古代奥运会

17世纪
板球运动得到发展

1829年
牛津对剑桥首次划船比赛在泰晤士河亨利利段举行

1845年
亚历山大·乔伊·卡特赖特发明了棒球

1873年
第一届高尔夫公开赛在苏格兰圣安德鲁斯举行

1875年
第一场冰上曲棍球比赛在加拿大蒙特利尔举行

1877年
第一届板球比赛（英格兰VS澳大利亚）在墨尔本举行

1890年
大卫·福斯特获得了乒乓球发明专利，其字面意思是"桌上网球"

1896年

70年
为格斗比赛而建的意大利罗马斗兽场竣工

1497年
高尔夫球被发明

1823年
拉格比学校的威廉·韦伯·埃利斯在足球比赛中抱着球奔跑，于是就发明了橄榄球

1839年
在利物浦安特里赛马场举行的英国全国障碍赛马比赛上，发行了"押第一名赢"的彩票

1867年
《昆士伯利拳击规则》颁布

1873年
第一套美式足球规则被制定

1875年
印度贾巴尔普尔县发明了斯诺克

1877年
第一届温布尔登网球锦标赛

1891年
詹姆斯·奈史密斯发明了篮球

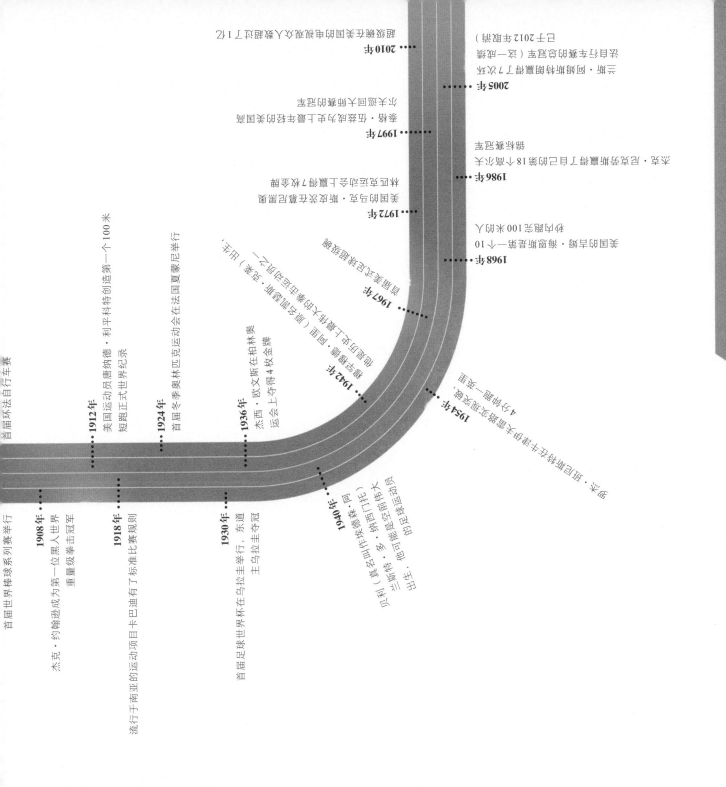

首届环法自行车赛

1908年 首届世界棒球系列赛举行

1912年 美国运动员唐纳德·利平科特创造第一个100米短跑正式世界纪录

1918年 杰克·约翰逊成为第一位黑人世界重量级拳击冠军

1924年 首届冬季奥林匹克运动会在法国夏蒙尼举行

1930年 流行于南亚的运动项目卡巴迪有了标准比赛规则

1936年 杰西·欧文斯在柏林奥运会上夺得4枚金牌

1940年 首届足球世界杯在乌拉圭举行，东道主乌拉圭夺冠

贝利（真名叫作埃德森·阿兰特斯·多·纳西门托）出生，他可能是空前伟大的足球运动员

1954年 罗杰·班尼斯特成为第一个用时不超过4分钟跑完1英里的人

1947年 现代棒球联盟诞生

1967年 现代棒球联盟诞生

1968年 美国跳高运动员迪克·福斯贝里发明了"福斯贝里"跳法，改变了100米的跳法

1972年 美国游泳健将马克·斯皮茨在慕尼黑奥运会上赢得了7枚金牌

1986年 迭戈·马拉多纳赢得了自己的18个进球中的一个

1997年 泰格·伍兹成为历史上最年轻的美国高尔夫大师赛冠军得主

2005年 兰斯·阿姆斯特朗赢得了7次环法自行车赛的冠军（这一成绩已于2012年取消）

2010年 据称橄榄球联盟的电视观众约人数超过了1亿

5.9　世界上的语言

15万年前人类开始交谈……从此我们就没"闭过嘴"。

人们常说，美国和英国是被同一种语言分开的两个国家；目前地球上的人使用着近7000种语言。

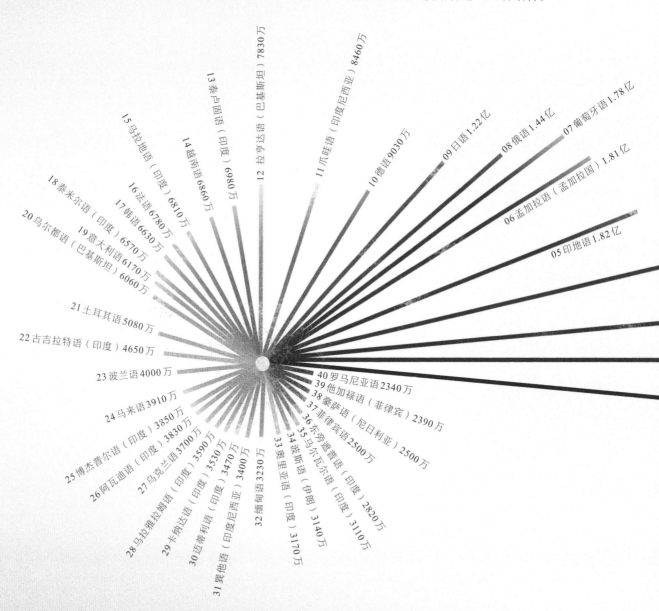

13 泰卢固语（印度）6980万

12 拉亨达语（巴基斯坦）7830万

11 爪哇语（印度尼西亚）8460万

10 德语9030万

09 日语1.22亿

08 俄语1.44亿

07 葡萄牙语1.78亿

15 乌拉地语（印度）6810万

14 越南语6860万

16 泰语6780万

17 韩语6630万

18 泰米尔语（印度）6570万

06 孟加拉语（孟加拉国）1.81亿

19 意大利语6170万

20 乌尔都语（巴基斯坦）6060万

05 印地语1.82亿

21 土耳其语5080万

22 古吉拉特语（印度）4650万

23 波兰语4000万

40 罗马尼亚语2340万
39 他加禄语（菲律宾）2390万
38 豪萨语（尼日利亚）2500万
37 菲律宾语2500万

24 马来语3910万

36 东旁遮普语（印度）2820万

35 马尔瓦尔语（印度）3110万

25 博杰普尔语（印度）3850万

26 阿瓦迪语（印度）3830万

34 波斯语（伊朗）3140万

27 乌克兰语3700万

28 马拉雅拉姆语（印度）3590万

33 奥里亚语（印度）3170万

29 卡纳达语（印度）3530万

30 迈蒂利语（印度）3470万

31 巽他语（印度尼西亚）3400万

32 缅甸语3230万

122

延伸阅读

世界上有近7000种语言，但预计超过一半的语言会在未来100年内消亡。玛丽·史密斯·琼斯的逝世可以证明这一趋势。她生活在美国阿拉斯加州的安克雷奇，2008年去世时89岁。据说，她是最后一个说埃亚克语的当地人。这是一种阿拉斯加南部库博河口地区使用的语言。她晚年曾帮助阿拉斯加大学的研究人员编写了一本埃亚克语词典，以便为这种语言将来的重生保存一线希望。

04 阿拉伯语 2.21亿

03 英语 3.28亿

02 西班牙语 3.29亿

01 汉语（普通话、赣语、客家话、徽州话、晋语、闽北语、闽东语、闽南语、闽中语、湘方言、吴方言、粤语）12.13亿[1]

在多数情况下，说某一国语言的人数基本相当于该国的人口数，因为没有多少外国人会将别国的语言当作自己的第一语言。在所有语言中，说英语和西班牙语的人数远远超过了其本国人口数。

1. 据最新数据，世界上使用汉语的人至少15亿，占世界总人口的20%。——编者注

5.10 污染

　　最新排名的世界污染最严重的十大城市中，有7座城市是因为与日俱增的对汽车的严重依赖而"污"名远扬。部分原因是很多人无力承担自己工作所在城市的生活成本，只能开车去上班。开罗、达卡以及新德里等城市就面临着这一问题。这一问题在布宜诺斯艾利斯最为突出，这座城市白天的人数将会增加4倍。

　　坦桑尼亚故都达累斯萨拉姆集中了本国80%的工业，居民还在街上焚烧废品和生活垃圾。莫斯科的森林大火加剧了污染，而墨西哥城在工业、汽车以及燥热天气的共同作用下，污染进一步加重。

地球上六大有害污染物

	起因	主要问题
1. 二氧化碳	燃烧化石燃料和砍伐森林	加剧全球变暖
2. 二氧化氮	燃烧化石燃料	破坏保护地球的臭氧层
3. 颗粒物	道路建设、燃烧、施工	进入肺部
4. 二氧化硫和氯氟烃	燃烧化石燃料	阻塞肺部
5. 铅	工业（曾是汽油的添加剂）	影响神经系统、肾功能、免疫系统等
6. 一氧化碳	汽车尾气	减少氧气的摄入

世界其他地区32.93%

延伸阅读

1952年12月，伦敦烟雾缭绕，空气污染直接导致了4000人死亡。这次事件推动了1956年英国《清洁空气法》的出台。

2007年全球CO$_2$排放量排名前10的国家
（2007年全球CO$_2$排放量为 29,321,302,000 吨）

6. 德国 2.69%
787,936,000 吨

7. 加拿大 1.90%
557,340,000 吨

5. 日本 4.28%
1,254,543,000 吨

8. 英国 1.84%
539,617,000 吨

4. 俄罗斯 5.24%
1,537,357,000 吨

9. 南非 1.72%
503,321,000 吨

3. 印度 5.50%
1,612,362,000 吨

10. 伊朗 1.69%
495,987,000 吨

1. 中国 22.30%
6,538,367,000 吨

2. 美国 19.91%
5,838,381,000 吨

5.11 全球变暖

1975年，华莱士·布勒克在《科学》杂志发表《气候变化：我们是否正处在显著的全球变暖边缘》一文，首次提出了"全球变暖"这一概念。气候变化及其对地球造成的影响，是各国政府面临的紧迫问题，但是迄今为止，国际社会并没有采取任何协调一致的有效行动。[1]

证据表明，自1880年有准确记录以来，全球平均气温已经上升了0.8℃。问题在于，人们对地球继续变暖将产生的后果，甚至将来会如何变化，尚未达成真正的共识。由于缺乏共识，发达的工业国家并没有共同而明确的战略或意愿来解决这一问题。

持悲观态度的科学家预测，温度上升的速度将进一步加快，一旦超过我们所能把控的临界点，它对地球大气层、海洋和生态系统造成的危害将无法修复。然而，乐观者认为，地球能够自我调节，他们相信目前的气温上升不过是暂时现象，很快就会回落。地球气象史上并不乏这样的暂时现象。

如果悲观者的观点是正确的，那么气温持续上升将会给地球带来巨大灾难。比如，降雨量增加导致的洪水泛滥、耕地受损会造成世界性的饥荒。随着气候变暖和冰盖融化，海平面也会上升。

延伸阅读

全球变暖的一个主要原因是二氧化碳排放。很多人认为汽车、火车和飞机是罪魁祸首。但根据2008年联合国的一份报告，全球畜牧业二氧化碳排放量占总量的18%。这主要是牲畜排出的气体和粪便中产生的甲烷造成的，它的破坏性要比二氧化碳高20倍。

---

1. 2007年6月3日，国务院印发《中国应对气候变化国家方案》。这是中国第一部应对气候变化的全面的政策性文件，也是发展中国家颁布的第一部应对气候变化的国家方案。——编者注

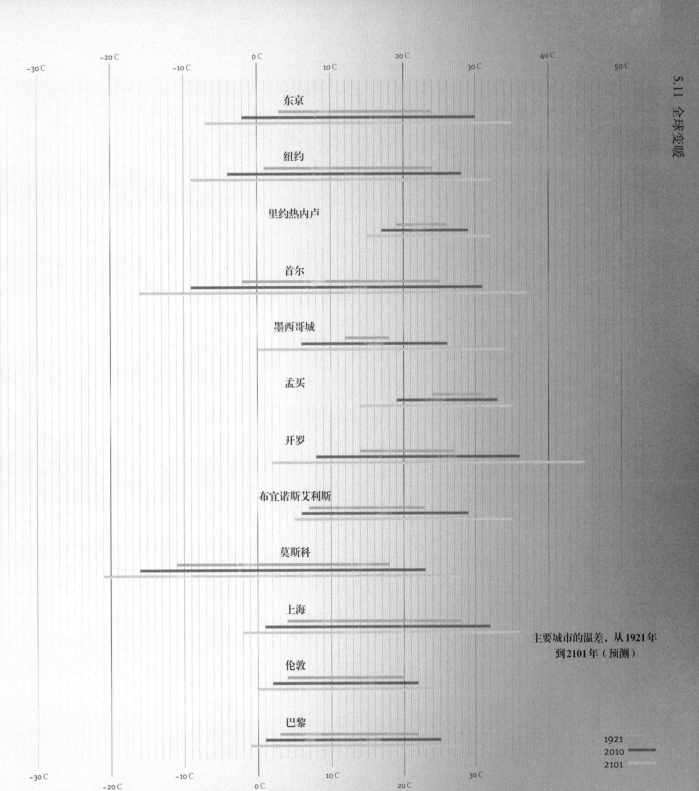

-30℃   -20℃   -10℃   0℃   10℃   20℃   30℃   40℃   50℃

东京

纽约

里约热内卢

首尔

墨西哥城

孟买

开罗

布宜诺斯艾利斯

莫斯科

上海

主要城市的温差，从1921年
到2101年（预测）

伦敦

巴黎

1921
2010
2101

-30℃   -20℃   -10℃   0℃   10℃   20℃   30℃

5.12 世界七大人造奇迹

你周围的所见之物都是由一直存在的物质制成的。明白了这一点，你会觉得人类的成就更加不可思议。"阿波罗11号"是第一艘离开大气层并在另一颗星球上成功着陆的宇宙飞船，实际上制造它所使用的原材料是穴居时代的人都可以得到的。

建造金字塔与登月一样令人难以置信。金字塔已经有将近5000年的历史，是"古代世界奇迹"当中唯一留存至今的建筑，是建造者的丰碑。从建造金字塔到登上月球，人类在不断超越前人，留下了让我们叹为观止的遗产。

下面罗列的就是世界七大人造奇迹（排列不分先后）

泰姬陵
1653年建成
印度阿格拉
沙·贾汗为了纪念他的妻子穆塔兹·马哈尔而建造的陵墓。泰姬陵是公认的世界上最美的人工建筑之一，更是永恒爱情的象征。

马丘比丘遗址
15世纪
秘鲁乌鲁班巴河谷
马丘比丘就是人们通常所说的"失落之城"，1911年之前并不为人所知。这座遗址依旧相对完好。

金字塔
建于公元前2560年前后
埃及吉萨金字塔群是埃及第四王朝法老胡夫的陵墓。值得注意的是其位置排列与猎户座腰带之间的对应关系。

阿波罗11号

1969 年 7 月 20 日

阿波罗 11 号登陆月球

这是第一艘用地球上的材料建造的宇宙飞船。它飞行了大约 384,393 千米，到达了另一颗星球并安全返回地球，是人类科学技术史上的重要里程碑。

拉什莫尔山

1941 年

美国南达科他州基斯通

在美国南达科他州黑山地区的山体上，雕刻着乔治·华盛顿、托马斯·杰斐逊、西奥多·罗斯福和亚伯拉罕·林肯四位美国历史上最著名的总统的花岗岩头像。每座头像都高达 18 米。这些雕像的建造是为了促进当地的旅游业，事实证明是成功的。

长城

公元前 5—16 世纪

中国

长城雄踞于中国北部，长约 8851 千米。建造长城是为了抵御游牧民族的入侵。

巨石阵

公元前 2700 年

英国威尔特

没有人知道巨石阵是谁建成的，也没有人知道它是如何建成的。

第 6 章

创造历史

6.1　人类的迁徙

　　凭借着遗传学研究（线粒体DNA）和早期人类化石的发现，现代科学家们成功还原了人类第一次从非洲出发的迁徙路线。很多人认为非洲大陆是人类的诞生地。早期人类从非洲出发，向世界各地迁徙是至关重要的进化之旅，也是人类创造文明和定居的第一步。

5.2万—4.5万年前，小冰河期导致智人继续向欧洲迁徙，沿多瑙河到达匈牙利和奥地利。

6.5万—5.2万年前，球开始变暖。智人开始往北迁徙，到达黎凡特地区，继而进入欧洲。

11.5万—9万年前，迁徙到黎凡特的群落死于全球性的气候变冷。

13.5万—11.5万年前，一些群落通过北方的通道远迁到位于西亚、东地中海以及非洲东北部交界的黎凡特地区。

1万—8000年前，最后一次冰河期结束。此时撒哈拉沙漠地区的特点是坡地草原。

16万—13.5万年前，智人的四大群落，到达好望角、刚果盆地、科特迪瓦和埃塞俄比亚的赫尔托。

16万年前，智人起源于东非，并且形成了不同的群落。

延伸阅读

　　现代人环球旅行是为了娱乐，但早期人类在地球上迁徙则是为了寻找食物和温暖的气候。游牧部落追随猎物的迁徙路线而迁徙。与直立猿人相比较，智人能够适应新的艰苦环境并发展下去，这一重要优势使得智人繁盛了起来。

万—2.5万年前，中亚地区的群
开始向欧洲迁移，他们往北进
北极圈，与从东亚迁徙而来的
在欧亚大陆东北部会合。

2.5万—2.2万年前，一群人
穿过西伯利亚和阿拉斯加之
间的白令陆桥，这些人成了
美洲的土著。

2.2万—1.9万年前，最后的冰河
期到来了。北美群落人口锐减，
有一些群落里逃生。

4.5万—4万年前，
一些智人从东亚海岸
向西进入中亚，有一
些从巴基斯坦进入中
亚，还有一些从中南
半岛到达青海高原。

1.9万—1.5万年前，末
次盛冰期（LGM），这
一时期，陆地的大部分
地区被冰川覆盖。在北
美，冰川以南的地区，
智人的群落得到了发展
并进一步多样化。

1.25万—1万年前，北
美洲人口重新增长。

8.5万—7.5万年前，他们从斯里兰
卡出发，继续沿着海岸前行，到达
了中国南部。

9万—8.5万年前，智人的其
中一支经过红海海口，沿海
岸抵达印度，所有非洲之外
的人类都是这一支的后裔。

7.4万年前，多巴火山（位
于印度尼西亚西部的苏门
答腊）喷发，造成了核冬
季以及长达千年的冰河期，
全球人口下降到不足万人，
甚至可能只有1000对。

7.4万—6.5万年前，幸存
者为了远离普伦尼冰河期
造成的极度寒冷，迁徙到
澳大利亚和新几内亚地区。

1.5万—1.25万年
前，南美洲的沿海
迁徙路线开启。

■ 智人　　■ 尼安德特人　　早期人类

133

6.2 人类流浪生活的终结

自从演化肇始，人类就过着渔猎和采集的生活，他们追寻着食物源东奔西跑，遇到安全的地方就安顿下来，直到周围可食的东西枯竭或者离开。然后在大约 1 万年前，这种流浪生活方式终结了，出现了早期的定居点。

上一个冰河期的结束是新石器时代革命的催化剂。随着气温回升，动植物资源丰富，人们已经无须东奔西跑。有些群落的人们发现他们原来可以在一个地方长时间停留。一年过后，他们安然无恙，他们明白了，这个地方一年四季出现的所有困难都是可以克服的。

就在这一时期，人们恰巧发现只要给某些动物投喂食物，它们就会待在定居点周围。只要有东西吃，这些动物就不会迁移，于是自给自足的农业就出现了。这种生活方式并非在任何地方都屡试不爽。然而，人们一旦发现问题，就会另寻他处进行尝试。

如果某地有可用的淡水和丰富的可食用的植物，这个地方就更有可能成为人类的定居之所。

延伸阅读

从狩猎采集到早期定居，这一变化刚开始会导致疾病增加，这是饮食较为单一造成的。但是，定居生活的确带来了人口的增长，因为无须四处奔波，自然就能更好地照顾孩子。

人类从早期到现在的饮食变化

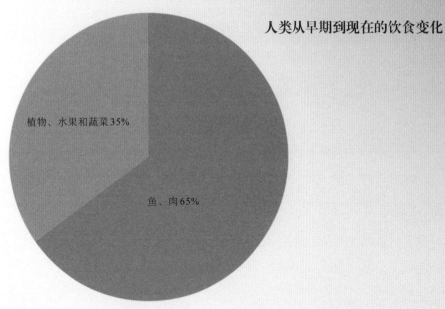

狩猎采集时期
（高蛋白，低碳水化合物）

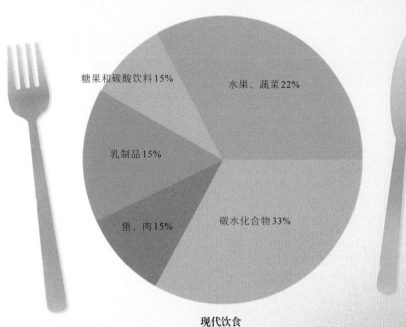

现代饮食
（低蛋白，高碳水化合物）

6.3 帝国

我来，我见，我征服。[1]

纵观历史，实力强大的国家都向境外扩张。究其本质而言，帝国的建立通常都要通过军事或者政治的强力来实现。公元前2300年，萨尔贡大帝以伊拉克的阿卡德市为中心，建立了历史上第一个帝国。

帝国的重要性在于它们将文化、信仰和语言输出到它们所占领的土地上。在某些情况下，这些影响会一直存在，阿根廷的西班牙文化就是一个典型的例子。

罗马 ·····
公元前27—395年
首都：罗马
最广疆域：北至苏格兰，南至苏丹，西至
葡萄牙和摩洛哥，东至伊拉克和阿塞拜疆
主要贡献：现代语言

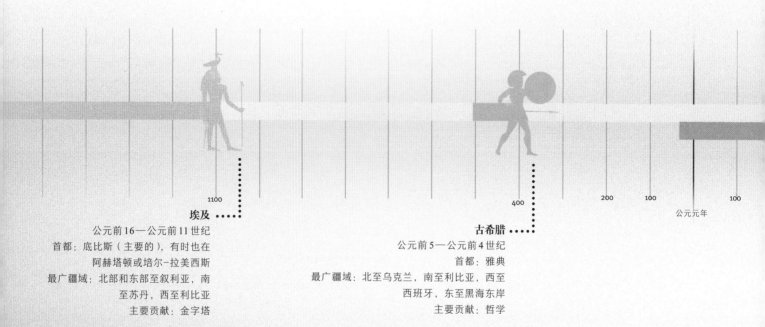

1100

埃及 ·····
公元前16—公元前11世纪
首都：底比斯（主要的），有时也在
阿赫塔顿或培尔-拉美西斯
最广疆域：北部和东部至叙利亚，南
至苏丹，西至利比亚
主要贡献：金字塔

400

200   100   100

公元元年

古希腊 ·····
公元前5—公元前4世纪
首都：雅典
最广疆域：北至乌克兰，南至利比亚，西至
西班牙，东至黑海东岸
主要贡献：哲学

1. 公元前47年，恺撒大帝率领罗马军队攻下小亚细亚城之后，向罗马议会发回三个拉丁单词 "Veni, Vidi, Vici"，即 "我来，我见，我征服"。——编者注

西班牙

1521—1643 年

首都：马德里

最广疆域：西方主要包括北美、南美洲
（巴西除外），东方有菲律宾，还有非洲和
印度的一小部分

主要贡献：罗马天主教

500

1700

英国

16—20 世纪中叶

首都：伦敦

最广疆域：西至加拿大和美国东部，南至南
非，东至新西兰和澳大利亚，还包括印度

主要贡献：君主立宪制

6.4 现代战争

第一次有记录的战争发生在苏美尔（现在的伊拉克）和埃兰（现在的伊朗）之间，这场战争发生于约公元前2700年。自此以后，地球上便无日没有战争。

战争的战利品通常是物质财产，但战争也在很大程度上受到哲学上的争论的影响，即侵略者不赞同被侵略者的生活方式，要将自己的价值观强加给对方。

尽管战争一直存在，但只有通信和交通进步，才可能发生殃及全世界的全面冲突。第一次世界大战在1914年夏爆发，1918年底结束。仅仅21年后的1939年，另一场全球范围内的冲突——第二次世界大战爆发了。这场战争一直持续到1945年，美国对日本使用了原子弹。当时人们以为，有了原子弹这个威胁的存在，将不会再发生世界大战。可悲的是，这个希望不过是泡影而已。

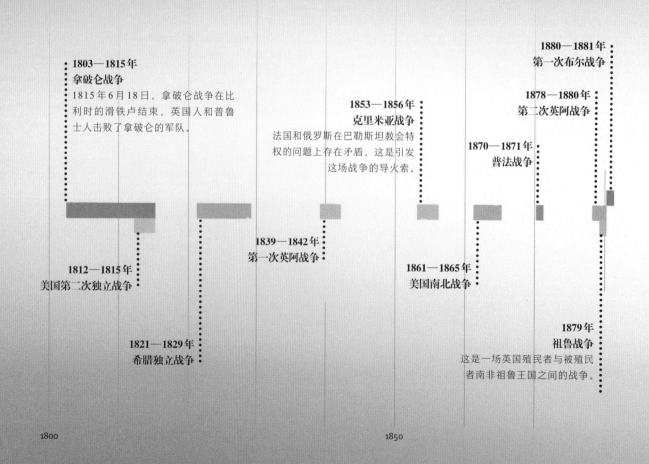

1803—1815年
拿破仑战争
1815年6月18日，拿破仑战争在比利时的滑铁卢结束，英国人和普鲁士人击败了拿破仑的军队。

1812—1815年
美国第二次独立战争

1821—1829年
希腊独立战争

1839—1842年
第一次英阿战争

1853—1856年
克里米亚战争
法国和俄罗斯在巴勒斯坦教会特权的问题上存在矛盾，这是引发这场战争的导火索。

1861—1865年
美国南北战争

1870—1871年
普法战争

1879年
祖鲁战争
这是一场英国殖民者与被殖民者南非祖鲁王国之间的战争。

1878—1880年
第二次英阿战争

1880—1881年
第一次布尔战争

1800

1850

延伸阅读

"共同毁灭"（MAD）理论认为，任何一方发动攻击，都会造成双方共同毁灭。因此知晓这一点的各方，就会维护和平。

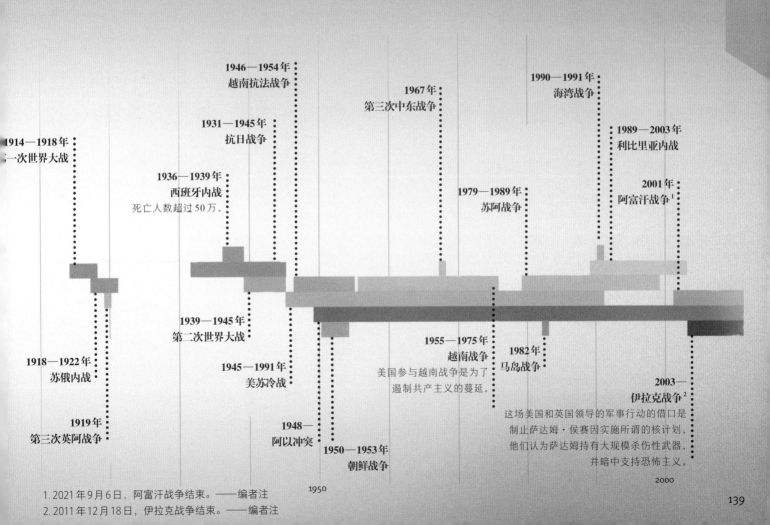

1946—1954年
越南抗法战争

1967年
第三次中东战争

1990—1991年
海湾战争

1931—1945年
抗日战争

1989—2003年
利比里亚内战

1914—1918年
第一次世界大战

1936—1939年
西班牙内战
死亡人数超过50万。

2001年
阿富汗战争[1]

1979—1989年
苏阿战争

1939—1945年
第二次世界大战

1955—1975年
越南战争
美国参与越南战争是为了遏制共产主义的蔓延。

1918—1922年
苏俄内战

1945—1991年
美苏冷战

1982年
马岛战争

2003—
伊拉克战争[2]
这场美国和英国领导的军事行动的借口是制止萨达姆·侯赛因实施所谓的核计划，他们认为萨达姆持有大规模杀伤性武器，并暗中支持恐怖主义。

1919年
第三次英阿战争

1948—
阿以冲突

1950—1953年
朝鲜战争

1950

2000

1. 2021年9月6日，阿富汗战争结束。——编者注
2. 2011年12月18日，伊拉克战争结束。——编者注

6.5 第一次世界大战

1914年6月28日，波斯尼亚塞族人加夫里洛·普林西普枪杀了奥匈帝国王储弗朗茨·斐迪南大公。这一事件一直被认为是第一次世界大战的主要起因。实际上，它只是压垮同盟国和协约国微妙平衡的最后一根稻草。就像接连倒下的多米诺骨牌，这一事件导致了世界和平的崩溃以及一场持续五年的战争。

处在矛盾中心的德国，既担心两侧的强敌法国和俄罗斯，又嫉妒英国的海上霸权。法国与德国在普法战争中结下宿怨，与此同时，俄罗斯与奥匈帝国都试图争夺巴尔干地区的霸权。

斐迪南大公遇刺导致奥地利向塞尔维亚宣战。承诺支持奥匈帝国的德国于是相继对俄国、法国宣战。德国入侵比利时违背了1839年《伦敦条约》，这意味着英国必须对德国宣战。仅仅在普林西普扣响扳机5周后，整个世界便陷入了战争状态。在斐迪南大公遇刺整整5周年那天，《凡尔赛条约》的签署宣告了这场大战的结束。

1914年6月28日
弗朗茨·斐迪南大公被刺杀

1914年7月28日
奥匈帝国向塞尔维亚宣战

1914年8月1日
德国向俄国宣战

1914年8月3日
德国向法国宣战，并入侵比利时

1914年8月4日
英国向德国宣战

1914年10月29日
土耳其和德国结盟，形成了第一次世界大战的一方，即同盟国。英国、法国、俄国则形成另一方，即协约国

1915年5月23日
意大利向德国和奥匈帝国宣战

延伸阅读

第一次世界大战造成将近 1000 万士兵死亡，2100 万士兵受伤，参战士兵达到 6500 万，相当于英国目前的总人口。

1917年4月6日
美国向德国宣战

1917年11月5日
德国和俄国停战

1918年3月3日
德国和俄国签署了《布列斯特和约》，俄国退出一战

1918年10月30日
土耳其向协约国投降

1918年11月3日
奥匈帝国与协约国达成停火协议

1918年11月11日
德国签署停战协议，一战宣告结束

1919年6月28日
德国和协约国签订《凡尔赛和约》

6.6　第二次世界大战

第一次世界大战通常被称为"结束所有战争的战争"，可事实远非如此。《凡尔赛条约》签署仅仅20年后，德国入侵波兰，英国被迫宣战。

这场战争的爆发有诸多间接原因，但是根本的原因在很大程度上被归咎于《凡尔赛条约》。强加给德国的经济和社会条件，在当时看来似乎是公平的，回头再看，未免苛刻。这就为战争的再次爆发埋下了祸根。德国人民和政客对这些惩罚措施的憎恨，加上"一战"之后他们在恢复经济时遭遇的重重困难，为国家社会主义者以及希特勒纳粹党的崛起提供了肥沃土壤。

在德国军队入侵波兰两天后的1939年9月3日，英国、法国对德国宣战，第二次世界大战爆发。1941年12月，日本、德国相继对美国宣战，美国加入同盟国。

1945年5月7日，德国宣布投降。美军用原子弹袭击广岛、长崎之后的8月15日，日本宣布投降。

总共有5000万人在这次战争中丧生，其中只有30%是士兵。纳粹的"最终解决方案"屠杀了600万犹太人，而苏联损失最为惨重（2000万人死亡）。

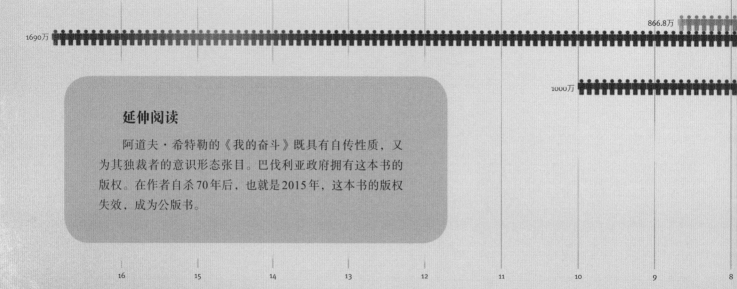

延伸阅读

阿道夫·希特勒的《我的奋斗》既具有自传性质，又为其独裁者的意识形态张目。巴伐利亚政府拥有这本书的版权。在作者自杀70年后，也就是2015年，这本书的版权失效，成为公版书。

1690万　　　　　　　　　　　　　　　　　　　　　　　　　866.8万

1000万

16　　　15　　　14　　　13　　　12　　　11　　　10　　　9　　　8

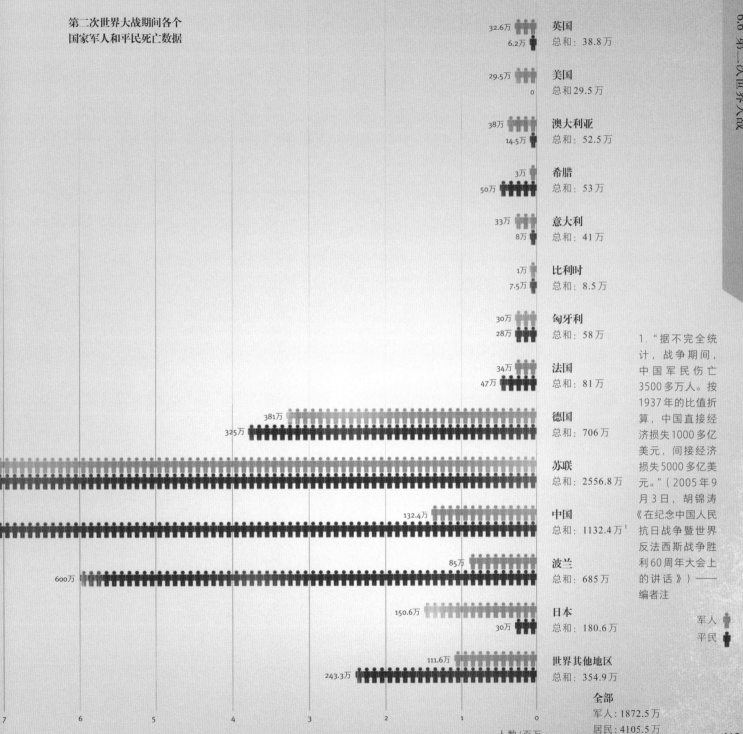

第二次世界大战期间各个
国家军人和平民死亡数据

国家	军人	平民	总和
英国	32.6万	6.2万	总和：38.8万
美国	29.5万	0	总和：29.5万
澳大利亚	38万	14.5万	总和：52.5万
希腊	3万	50万	总和：53万
意大利	33万	8万	总和：41万
比利时	1万	7.5万	总和：8.5万
匈牙利	30万	28万	总和：58万
法国	34万	47万	总和：81万
德国	381万	325万	总和：706万
苏联			总和：2556.8万
中国	132.4万		总和：1132.4万[1]
波兰	85万	600万	总和：685万
日本	150.6万	30万	总和：180.6万
世界其他地区	111.6万	243.3万	总和：354.9万

1. "据不完全统
计，战争期间，
中国军民伤亡
3500多万人。按
1937年的比值折
算，中国直接经
济损失1000多亿
美元，间接经济
损失5000多亿美
元。"（2005年9
月3日，胡锦涛
《在纪念中国人民
抗日战争暨世界
反法西斯战争胜
利60周年大会上
的讲话》）——
编者注

军人
平民

全部
军人：1872.5万
居民：4105.5万
总和：5978万

人数/百万

6.7 影响世界的历史人物

　　英国首相温斯顿·丘吉尔说，"历史是由胜利者书写的"，但这并不妨碍一些失败者跻身"历史人物"的行列。如果说邪恶当道是因为善良的人袖手旁观，那么可以说没有邪恶的成全就没有伟人的出现。

　　丘吉尔本人就是一个很好的例证。虽然在第二次世界大战之前，他已是英国政坛的重要人物，但是如果没有德国独裁者阿道夫·希特勒的"成全"，他也不会成为叱咤风云的人物。

　　纵观历史，总有好人和恶人。历史人物不管道德品质如何，都有一呼百应的本领。这种本领可能源于领袖气质，或者聪明睿智，也可能是其追随者出于恐惧而不得不顺从。

维多利亚女王
生卒年：1819—1901
在位时间：1837—1901
角色：英国的女王、统治者
评价：见证了英国的工业革命、全球经济发展和帝国的扩张。维多利亚女王也是第一个乘坐火车的君主

莫罕达斯·甘地
生卒年：1869—1948
角色：政治家和印度国父
评价：甘地的哲学帮助印度摆脱了英国的殖民统治，并激励千百万追随者服膺他的"非暴力不合作"思想

耶稣基督
生卒年：1—35
影响：从公元35年至今
角色：基督教的奠基者
评价：传说，作为上帝的儿子，为人类牺牲自己，复活并创造了基督教

成吉思汗

生卒年：1162—1227

在位：1206—1227

角色：大蒙古国可汗

评价：成吉思汗因其军事上的
雄才大略而名动天下，在其去
世之前，他的帝国几乎控制了
整个亚洲

阿道夫·希特勒

生卒年：1889—1945

执政：1933—1945

角色：德国总理和元首

评价："一战"之后，作为纳粹党党魁统治贫
穷的德意志12年，下令屠杀了600万犹太人

恺撒大帝

生卒年：公元前100—公元前44

在位：公元前49—公元前44

角色：罗马独裁者

评价：备受尊敬的罗马将军和军事战略家，
通过扩张将罗马文明传播到整个欧洲

匈奴王阿提拉

生卒年：406—453

在位：434—453

角色：匈奴帝国的统治者

评价：通常被称为"上帝之鞭"，
阿提拉是强大的军事战略家，为了
独掌帝国大权，杀死了自己的兄
弟。他的死因不明

马丁·路德·金

生卒年：1929—1968

角色：黑人民权运动领袖

评价：他在1963年发表演讲《我有一个
梦想》，这使他获得了1964年的诺贝尔和
平奖，他也因此成为最年轻的诺贝尔和平
奖男性得主。1968年遇刺

温斯顿·丘吉尔

生卒年：1874—1965

执政：1940—1945，1951—1955

角色：英国首相

评价：在其他同盟国的帮助下，
他领导英国取得了反对纳粹德国的
第二次世界大战的胜利。曾两度
当选英国首相

6.8 世界强国的崛起

所谓超级大国，是指有实力影响全球事务和其他相对弱势国家行为的国家。在"二战"结束后很长一段时期内，苏联和美国就是这样的超级大国。在近40年的时间里，它们保持着世界力量的平衡。同时，它们参与其中的冷战也威胁着世界的未来。

1989—1991年，随着一些共产主义国家政权的更迭以及后来苏联的解体，世界力量的平衡产生了改变和分化，世界朝着多极化方向发展。尽管关于世界强国的定义时时都在发生微妙的变化，但是公认的世界强国或国家集团有五个。

美国一直占据着主位[1]，而俄罗斯借着苏联的余威占据次席。在这两国之外，还有人口占世界20%的中国[2]、人口占世界17%的印度，以及国内生产总值占世界1/4的欧盟。

巴西以及日本随着经济的蓬勃发展，也在努力争取成为世界强国。那时，对它们或许得有新的称呼。

欧盟
人口：5亿
国内生产总值：16万亿美元
核武器能力：有
军费（2009年）：
法国：673.16亿美元；英国：692.71亿美元
游客人数（每年）：法国：7420万

法国是世界上
最受欢迎的旅游胜地之一

延伸阅读

欧盟被视为单一实体，因为欧盟的成员国之间签署了共同体协议。这包括单一货币欧元（虽然不是每个成员国都使用它）和对所有成员国都有效力的欧洲议会。

---

1. 美国是当今世界唯一超级大国。——编者注
2. 2020年第七次全国人口普查结果，中国人口约占世界总人口18%。——编者注

俄罗斯

人口：1.42 亿

国内生产总值：1.3 万亿美元

核武器能力：有

军费（2009 年）：610 亿美元

游客人数（每年）：2060 万

2009 年，美国在军备上的花费
大约是中国的 7 倍。

中国[1]

人口：13.25 亿

国内生产总值：5 万亿美元

核武器能力：有

军费（2009 年）：705 亿美元

游客人数（每年）：5090 万

美国

人口：3.07 亿

国内生产总值：14 万亿美元

核武器能力：有

军费（2009 年）：6632.55 亿美元

游客人数（每年）：5490 万

印度

人口：11.4 亿[2]

国内生产总值：1.25 亿美元

核武器能力：有

军费（2009 年）：366 亿美元

游客人数（每年）：500 万

1. 2020 年全国人口（不含港、澳、台）14.12 亿；2021 年国内生产总值 114.37 万亿元；2022 年全国财政安排国防支出预算 14,760.81 亿元。——编者注
2. 根据中国外交部网站 2022 年 6 月显示数据，印度人口为 13.93 亿。——编者注

6.9 共产主义的低潮

美国和苏联就像两张互相制衡的扑克牌，在第二次世界大战结束后将近40年间主宰着世界的安全。同时，就像扑克牌本身一样，这种平衡是非常微妙的，纸牌屋随时都会坍塌。20世纪80年代末，苏联以及共产主义阵营解体，世界局势发生了深远变化。

以纸牌屋来形容共产主义的剧变再恰当不过了。在20世纪80年代，波兰的共产党政府面临着反共产主义政党的挑战，当团结工会赢得大选时，第一张扑克牌倒下了。尽管国家掌控着国内媒体，全球通信的发展使得这个消息传播开来。两个月后，匈牙利走上了同样的道路。

匈牙利的政治转变为心怀不满的东德人进入西德开辟了一条道路，因此导致了柏林墙的倒塌。由于柏林墙是东西方政治鸿沟的重要象征，它的拆除对反对共产主义理想的势力的壮大至关重要。1991年7月，与北约组织相对的、代表共产主义阵营的华约组织宣布解散，苏联也不复存在。

延伸阅读

第二次世界大战之后，德国被分为东德和西德两个部分。东德追随共产主义苏联的社会政治意识形态，而西德则坚持西方的民主原则。分隔这两个国家的柏林墙就是一个具体象征，它代表着丘吉尔所说的1945年之后将欧洲一分为二的"铁幕"。

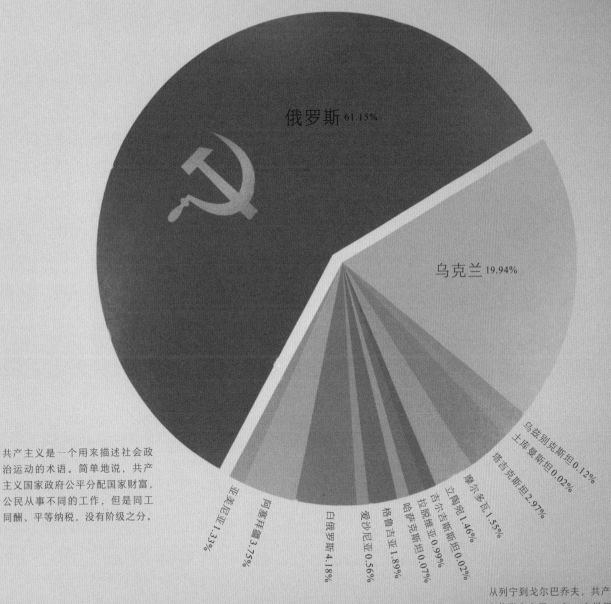

解体前苏联国家构成（按人口百分比）

俄罗斯 61.15%

乌克兰 19.94%

乌兹别克斯坦0.12%
土库曼斯坦0.02%
塔吉克斯坦2.97%
摩尔多瓦1.55%
立陶宛0.02%
吉尔吉斯斯坦1.46%
拉脱维亚0.99%
哈萨克斯坦0.07%
格鲁吉亚1.89%
爱沙尼亚0.56%
白俄罗斯4.18%
阿塞拜疆3.75%
亚美尼亚1.33%

共产主义是一个用来描述社会政
治运动的术语。简单地说，共产
主义国家政府公平分配国家财富，
公民从事不同的工作，但是同工
同酬、平等纳税，没有阶级之分。

从列宁到戈尔巴乔夫，共产主义
在苏联存在了74年，在世界反法
西斯战争中发挥了重要作用。

6.10 反主流文化运动

20世纪50年代末到70年代初，美国、英国以及其他西欧国家具有叛逆精神的年轻人反抗现行体制的运动，被称为"反主流文化运动"。虽然这项运动没有使政府产生任何实质性的变化，但它确实对政治产生了长期影响，同时推动了许多生活领域（从艺术、时尚到音乐、技术）的重要发展。

"反主流文化运动"并不是某个单一的事件导致的，而是人们对当权者的不信任感越来越强，再加上对战后的资源短缺所造成的紧缩政策的拒绝。

在美国，这种不满表现为各种形式的抗议：支持民权运动，反对越南战争，推动女权主义，同性恋骄傲，以及呼吁言论自由。

在整个欧洲，学生们站在了反主流文化运动的前线。1968年的巴黎学生发生暴动，使这场运动达到了顶峰，有些接近政变。而以迷幻剂和大麻为代表的毒品的泛滥，则大大削弱了反主流文化运动目标的合法性。

当时全球通信更加便捷，这就使得世界成为各种思想的大熔炉，因此这场运动受到一些日后成为偶像的人物的影响。这些人物来自四面八方，不一而足，比如马尔科姆·艾克斯、马丁·路德·金、披头士乐队、甘地、切·格瓦拉和约翰·肯尼迪。

延伸阅读

1938年，在瑞士巴塞尔，LSD-25由阿尔伯特·霍夫曼博士在研发兴奋剂（刺激中枢神经系统的药物）的过程中首先合成。起初，他认为这种药并没有什么效用，将其丢弃。5年之后，他重新检视，发现它有致幻作用。在20世纪60年代嬉皮士文化中，这种药物成为一种毒品。

社会革命

1963—1973年，美国和英国经历了一场大规模的社会转型，年轻人反对保守的社会规范，质疑政府的权威。"权利归于人民"这个口号深入人心。随着1969年伍德斯托克音乐节的举行，嬉皮士文化、艺术电影和重摇滚音乐开始兴起。伍德斯托克音乐节于1969年举行。

反战运动

1969年，美国新任总统理查德·尼克松承诺结束越南战争。这场战争已经持续了很多年，人们对这场战争的目的表示怀疑，美国内部产生了分歧。越南战争结束于1975年。

冷战

指美国与苏联之间紧张的军事局势，开始于第二次世界大战后，并一直持续。

古巴导弹危机

苏联一直与古巴合作建立直接威胁美国的军事基地，因而导致了1962年10月的古巴导弹危机，这是冷战期间美苏之间最严重的冲突之一，造成了巨大的社会动荡。

公民权利

1965年2月21日，美国种族平等运动的代言人、非裔美国穆斯林马尔科姆·艾克斯，在发表有关呼吁非裔美国人加强团结的演讲前遇刺。

太空探险

1961年，约翰·肯尼迪总统宣布，到60年代末，载人宇宙飞船将登陆月球。1969年7月20日，登月成功。

性解放

1960年，美国食品和药物管理局批准了第一种女性避孕药。这有助于解放西方世界以前禁忌的性问题，同时也改变了关于现代社会女性角色的态度。

女性权利运动

20世纪60年代，大众还认为女性的位置应是在家里做贤妻良母。直到1963年美国通过《同酬法案》这一状况才发生了变化。该法案破除了保障女性工作权和平等取酬方面最后的法律障碍。1968年，"妇女解放"已经家喻户晓，直到20世纪90年代才完全破除了女性在获得平等工作权利方面的障碍。

毒品文化

随着青年文化和反威权运动的兴起，毒品很快在一些国家的青少年中泛滥。致幻剂和大麻等毒品受到美国和英国新潮音乐家和艺术家的青睐，如披头士乐队和滚石乐队。在"融入新潮流、嗨翻新生活、摆脱旧传统"的煽动下，毒品文化扩展到诸如时尚和电影等主流文化领域。

6.11 现代家庭

从演化为智人开始，人类就以家庭为单位共同生活在一起。千百年来，尽管这一单位的规模和功能发生了变化，但是其基础保持不变，即父母二人和他们的孩子。如果人类能够一直存在的原因之一是保持了种群的不断繁衍，那么事实证明，家庭是实现这一目标的有效途径。

在19世纪的工业革命和公共交通普及之前，一家几代人联系紧密，因而会形成人口众多的大家庭。随着工作和产业向大城市集中，人们为了工作不得不，或者主动选择搬迁，于是大家庭就被更加简单的核心家庭取代了。

20世纪60、70年代，离婚和单身父母变得普遍并被社会所接受，一种新现象出现了。时常可见带着孩子的离异父母与另一个有孩子的离异家庭重组家庭，从而形成了互有联系的数个核心家庭，同一代人当中既有亲兄弟姐妹，也有同父异母的兄弟姐妹，只不过年龄差异很大。20世纪80、90年代，单亲家庭的数量翻了一番。同时，选择不生孩子的已婚或同居夫妇也略有增加。在21世纪初，回归家庭成了一个惊人的变化，那就是孩子成年后仍然和父母共同生活。

延伸阅读

美国人口普查局2002年普查显示，与1800年相比，世界人口增加了50亿。仅以2002年为例，世界上每秒钟出生两人，即每天新增人口20万，每月增加620万人。

2010年全球平均家庭规模（按人口）

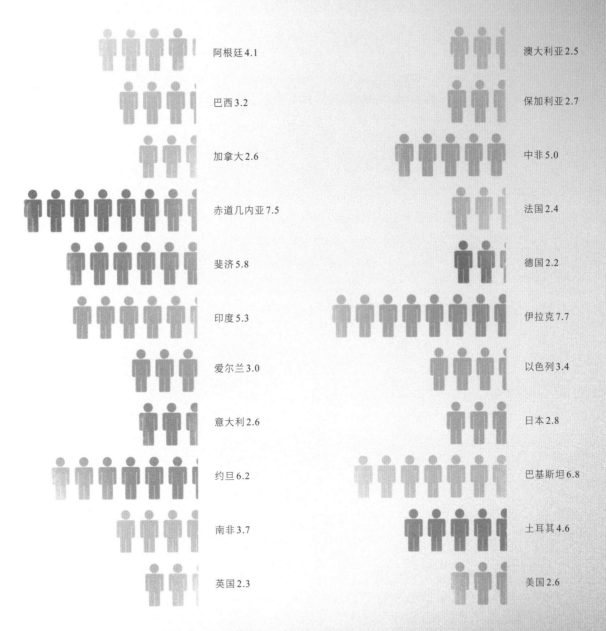

阿根廷 4.1

巴西 3.2

加拿大 2.6

赤道几内亚 7.5

斐济 5.8

印度 5.3

爱尔兰 3.0

意大利 2.6

约旦 6.2

南非 3.7

英国 2.3

澳大利亚 2.5

保加利亚 2.7

中非 5.0

法国 2.4

德国 2.2

伊拉克 7.7

以色列 3.4

日本 2.8

巴基斯坦 6.8

土耳其 4.6

美国 2.6

每5分钟美国就有67个宝宝降生，中国274个，印度395个。

6.12 "9·11" 以来的世界

2001年9月11日发生的事件改变了世界。两架商用飞机撞击并摧毁了纽约世界贸易中心的双子塔。这次袭击是一条历史的分界线，以至我们现在将"9·11之前"和"9·11之后"当作两个不同的时期，几乎与"公元前"和"公元后"那样泾渭分明。在"9·11"事件当天，共有2819人丧生。和平时期，没有哪座城市遭遇如此的惨剧。

我们生活在经济世界中，像"9·11"这样的事件对全球股市的影响是毁灭性的。的确，富时指数（FTSE）涵盖了在伦敦证券交易所上市的100家市值最高公司的股票指数，这一指数在"9·11"恐怖袭击发生之后立即下跌，然后出现短期反弹。对于我们这个世界而言，这一现象究竟说明了什么，见仁见智，尽可讨论。它到底对我们有没有影响？

"9·11"事件之后，美国入侵了伊拉克，已经造成10万平民丧生（注：截至2010年）。虽然这场战争继续在伊拉克进行[1]，但世界上其他地方早已忙于自己的事务了。

此图表显示了各种世界性事件对富时指数的影响

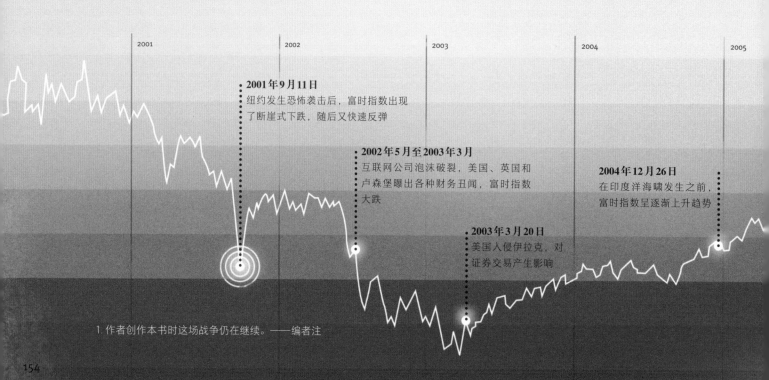

2001 2002 2003 2004 2005

2001年9月11日
纽约发生恐怖袭击后，富时指数出现了断崖式下跌，随后又快速反弹

2002年5月至2003年3月
互联网公司泡沫破裂，美国、英国和卢森堡曝出各种财务丑闻，富时指数大跌

2004年12月26日
在印度洋海啸发生之前，富时指数呈逐渐上升趋势

2003年3月20日
美国入侵伊拉克，对证券交易产生影响

1. 作者创作本书时这场战争仍在继续。——编者注

延伸阅读

2001年10月26日，时任美国总统乔治·W.布什签署了《美国爱国者法案》，通过提供所需的适当工具来拦截和阻止恐怖主义，以此来加强美国团结。"9·11"之后，美国政府和人民团结起来打击恐怖主义犯罪，但该法案自实施之日起，就受到了很多抨击，因为它侵犯了很多外国人和美国公民的隐私。

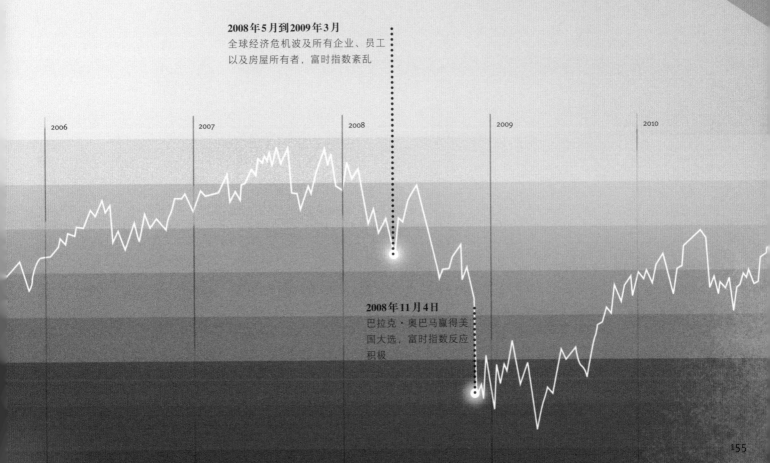

2008年5月到2009年3月
全球经济危机波及所有企业、员工以及房屋所有者，富时指数紊乱

2006　　　　2007　　　　2008　　　　2009　　　　2010

2008年11月4日
巴拉克·奥巴马赢得美国大选，富时指数反应积极

第 7 章

科学和药品

7.1 原子的大小

原子无处不在、无物弗有。你就是由原子组成的，并被原子包围。这页纸就包含着数十亿个原子，而你看到的任何地方都有数万亿个原子。然而，原子非常小，小到即使在字母 i 的小点上，你都可以放置数十亿个原子。

原子相互结合形成物质。其中，最著名的一个例子就是两个氢原子与一个氧原子共同组成了水——H_2O。原子相互结合形成分子。然而，分子不能任意组合，因为不同的组合方式会产生不同的物质，这就好像只有按照特定的组装方法，把四条木腿、一个座位和一个靠背固定在一起才能创造出一把椅子。

延伸阅读

质子的质量基本上与中子的质量相同。然而，质子的质量是电子质量的 1840 倍。

我们看到、听到、摸到和闻到的所有物质，它们的基本化学构件都是原子，原子就是生命。

原子由质子（带正电荷）、中子（无电荷）和电子（负电荷）组成。

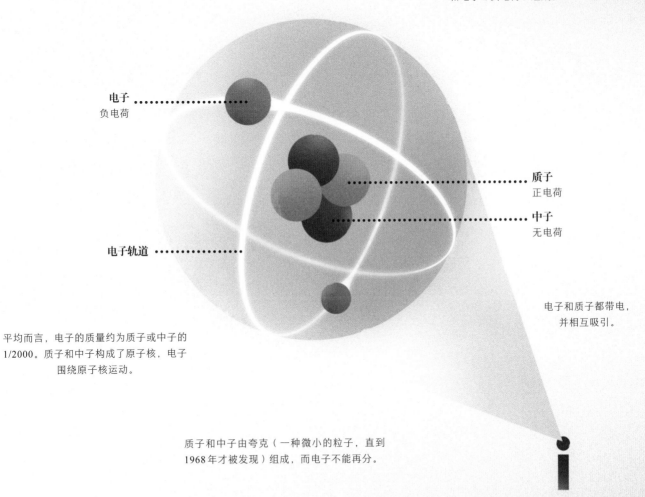

电子
负电荷

质子
正电荷

中子
无电荷

电子轨道

电子和质子都带电，并相互吸引。

平均而言，电子的质量约为质子或中子的1/2000。质子和中子构成了原子核，电子围绕原子核运动。

质子和中子由夸克（一种微小的粒子，直到1968年才被发现）组成，而电子不能再分。

如果氢原子的直径是1厘米，那么电子的运行轨道将长达500米。

159

7.2 牛顿的万有引力

万有引力，看不见摸不着，如果没有它，我们都会飘浮在太空中。万有引力牵引着我们，让我们待在地球表面，让地球沿着固定轨道绕太阳公转，维持着宇宙的基本秩序。

艾萨克·牛顿爵士广为人知的逸事（可能是杜撰）是观察苹果从树上落下的现象。这个现象给了他发现万有引力定律的灵感，牛顿1687年在《自然哲学的数学原理》一书中解释了这一理论。简而言之，万有引力定律认为，一切物体都是互相吸引的。如果知道物体的质量和它们之间的距离，就可以计算出万有引力的大小。

从《自然哲学的数学原理》问世，到20世纪初爱因斯坦出现之前，牛顿的这一定律一直不可撼动。爱因斯坦于1915年发表的广义相对论认为，时空的扭曲引起了物体间的明显吸引。这就表明，当两个物体在不互相靠近的情况下沿直线运动，这两个物体会越来越近，因为直线变成了曲线。

牛顿的理论及其方程式更为简单，至今仍在使用。但由于爱因斯坦的理论解释了某些牛顿理论未涉及的异常现象，因而居于主导地位。

延伸阅读

在真空中，所有的物体受到的重力影响都是相同的，无论是乒乓球还是炮弹，当它们做自由落体运动时，都会以同样的速度落到地面上。

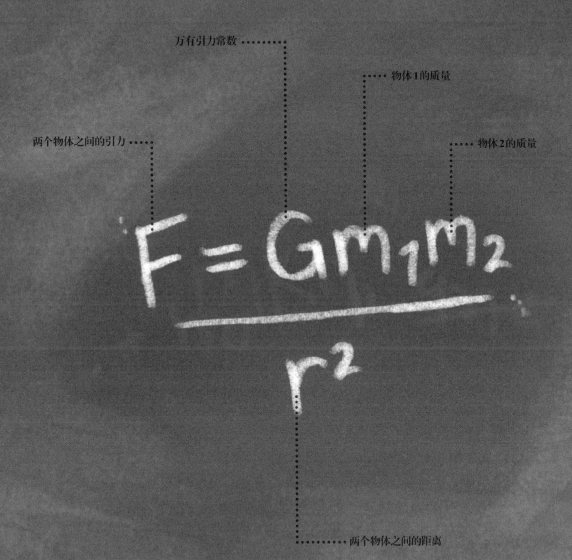

万有引力常数 •••••••

物体1的质量

两个物体之间的引力 •••••

物体2的质量

$$F = \frac{Gm_1m_2}{r^2}$$

两个物体之间的距离

7.3　元素周期表

我们身边能看见的所有物质均是由化学元素组成的。化学元素本身不可再分，组成每种化学元素的原子，都有一个特定的原子序数，其数值等于原子核中的质子数。

正如我们现在所知道的那样，1869年，俄国化学家德米特里·门捷列夫创造出元素周期表。门捷列夫将元素按照原子序数的顺序排列成行，并在元素的性质重复时开始新的一行，这就是术语"周期"的由来。当我们观察元素周期表的每一列时，可以发现具有相似性质的元素排成了一组，这种排列规律是门捷列夫的第一个突破性发现。他的第二个突破性发现是他意识到元素周期表有一些空白，而这些空白代表了尚未被发现的元素。门捷列夫第一次绘制出元素周期表时，上面仅有65种已知元素，而现在已经有118种了。

在元素周期表中，除了原子序数，每种元素还有一个相应的元素符号（例如氢是H，锡是Sn）和原子质量。元素周期表应用在科学的各个领域，是无价之宝。因为同一族中的元素表现出相似性质，科学家能够预测未知元素的性质和化学反应。

延伸阅读

元素117目前被称为Ununseptium（拉丁语中的数字117）。它还没有被真正发现，但由于元素周期表中存在空白，表明这里必定有一种元素存在。[1]

---

1. 2010年，117号元素首次被科学家发现。2015年12月30日，国际纯粹与应用化学联合会（IUPAC）正式宣布，已经通过实验证实了这一元素的存在。——编者注

元素周期表
Periodic Table of the Elements

元素符号
元素中文名称
元素英文名称
惯用原子量
标准原子量

						18
						2 He 氦 helium 4.0026

	13	14	15	16	17	
	5 B 硼 boron 10.81 [10.806, 10.821]	6 C 碳 carbon 12.011 [12.009, 12.012]	7 N 氮 nitrogen 14.007 [14.006, 14.008]	8 O 氧 oxygen 15.999 [15.999, 16.000]	9 F 氟 fluorine 18.998	10 Ne 氖 neon 20.180
	13 Al 铝 aluminium 26.982	14 Si 硅 silicon 28.085 [28.084, 28.086]	15 P 磷 phosphorus 30.974	16 S 硫 sulfur 32.06 [32.059, 32.076]	17 Cl 氯 chlorine 35.45 [35.446, 35.457]	18 Ar 氩 argon 39.95 [39.792, 39.963]

5	6	7	8	9	10	11	12
23 V 钒 vanadium 50.942	24 Cr 铬 chromium 51.996	25 Mn 锰 manganese 54.938	26 Fe 铁 iron 55.845(2)	27 Co 钴 cobalt 58.933	28 Ni 镍 nickel 58.693	29 Cu 铜 copper 63.546(3)	30 Zn 锌 zinc 65.38(2)
41 Nb 铌 niobium 92.906	42 Mo 钼 molybdenum 95.95	43 Tc 锝 technetium	44 Ru 钌 ruthenium 101.07(2)	45 Rh 铑 rhodium 102.91	46 Pd 钯 palladium 106.42	47 Ag 银 silver 107.87	48 Cd 镉 cadmium 112.41
73 Ta 钽 tantalum 180.95	74 W 钨 tungsten 183.84	75 Re 铼 rhenium 186.21	76 Os 锇 osmium 190.23(3)	77 Ir 铱 iridium 192.22	78 Pt 铂 platinum 195.08	79 Au 金 gold 196.97	80 Hg 汞 mercury 200.59
105 Db 𬭊 dubnium	106 Sg 𬭳 seaborgium	107 Bh 𬭛 bohrium	108 Hs 𬭶 hassium	109 Mt 𬭎 meitnerium	110 Ds 𫟼 darmstadtium	111 Rg 𬬭 roentgenium	112 Cn 𫟷 copernicium

(接上表 — group 13–18 for periods 4–7)

31 Ga 镓 gallium 69.723	32 Ge 锗 germanium 72.630(8)	33 As 砷 arsenic 74.922	34 Se 硒 selenium 78.971(8)	35 Br 溴 bromine 79.904 [79.901, 79.907]	36 Kr 氪 krypton 83.798(2)
49 In 铟 indium 114.82	50 Sn 锡 tin 118.71	51 Sb 锑 antimony 121.76	52 Te 碲 tellurium 127.60(3)	53 I 碘 iodine 126.90	54 Xe 氙 xenon 131.29
81 Tl 铊 thallium 204.38 [204.38, 204.39]	82 Pb 铅 lead 207.2	83 Bi 铋 bismuth 208.98	84 Po 钋 polonium	85 At 砹 astatine	86 Rn 氡 radon
113 Nh 𬻞 nihonium	114 Fl 𫓧 flerovium	115 Mc 镆 moscovium	116 Lv 𫟷 livermorium	117 Ts 础 tennessine	118 Og 𬖚 oganesson

58 Ce 铈 cerium 140.12	59 Pr 镨 praseodymium 140.91	60 Nd 钕 neodymium 144.24	61 Pm 钷 promethium	62 Sm 钐 samarium 150.36(2)	63 Eu 铕 europium 151.96	64 Gd 钆 gadolinium 157.25(3)	65 Tb 铽 terbium 158.93	66 Dy 镝 dysprosium 162.50	67 Ho 钬 holmium 164.93	68 Er 铒 erbium 167.26	69 Tm 铥 thulium 168.93	70 Yb 镱 ytterbium 173.05	71 Lu 镥 lutetium 174.97
90 Th 钍 thorium 232.04	91 Pa 镤 protactinium 231.04	92 U 铀 uranium 238.03	93 Np 镎 neptunium	94 Pu 钚 plutonium	95 Am 镅 americium	96 Cm 锔 curium	97 Bk 锫 berkelium	98 Cf 锎 californium	99 Es 锿 einsteinium	100 Fm 镄 fermium	101 Md 钔 mendelevium	102 No 锘 nobelium	103 Lr 铹 lawrencium

此元素周期表由中国化学会译制，版权归中国化学会和国际纯粹与应用化学联合会（IUPAC）所有。

163

7.4　你应该知道的公式

所有的科学都依靠数学来帮助它们理解世界和万事万物，而且我们所做的一切都能通过数学来证明或者解释。无论是计算下一班巴士需要等多长时间，还是预测小行星何时撞击地球，都离不开数学。

早期的数学仅仅与交易、耕种等日常生活的内容有关。然而，一旦发现数学还可以描述我们生活的世界，甚至预测结果，数学就具备了无限的可能性。数学的美和简洁是其他任何学科不可比拟的。数学可以跨越学科界限为其他学科设定标准，黄金比例就是一个例证。

黄金比例一直被用于艺术：它表示一条总长度为 $a+b$ 的线段，较长的 a 部分和总长度 $a+b$ 的比率等于较短部分 b 和较长部分 a 的比例。这个比例可以在许多经典艺术作品（例如《蒙娜丽莎》）中看到。蒙娜丽莎的脸部高度与宽度的比例是黄金比例，她的额头的宽度和高度也是如此。如下所示：

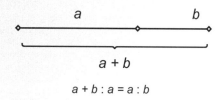

$$a+b:a=a:b$$

> **延伸阅读**
>
> 　　早在5世纪，印度的数学家就发明了数字0。在观察星座和测量距离时，0经常被使用。0在世界上尚未传开之时，所有欧洲人都在使用罗马数字进行计算。但是罗马数字的特点增加了计算的难度，特别是在处理大量数字时，其局限是显而易见的。

公式1：
圆周率

c：圆的周长

$$\pi = \frac{c}{d}$$

π：圆周率

d：圆的直径

公式2：
质能方程

$$E = mc^2$$

E：能量

m：质量

c：光速

公式3：
牛顿第二定律

$$F = ma$$

F：力

m：质量

a：加速度

公式4：
勾股定理

$$a^2 + b^2 = c^2$$

c：长边（斜边）

a和b：直角三角形的两条短边（直角边）

公式5：
偿还抵押贷款

C：贷款金额

N：月数

$$P = \frac{Cr(1+r)^N}{(1+r)^N - 1}$$

P：月还款额

r：月利息
（年利率的1/12）

公式6：
圆的面积

$$A = \pi r^2$$

r：半径

π：圆周率

A：面积

7.5 电是如何工作的

每个原子核周围都有电子在运动。电子得到电源给予的"能量"时，它们将从一个原子跳到另一个原子。这种运动就是电流。正是电流或电子的运动，使带电的物体发挥作用。产生电流的关键因素是完整的电路。当我们轻轻按下电灯的开关，便闭合了电路，从而使电子运动起来，这样灯泡就亮起来了。

电路绝大部分是由电线构成的，当电子在电线中自由移动时，不会遇到多大阻力，就像水流过管道一样。但当电子到达灯泡和可以发光的灯丝时，由于管道太窄，阻力变大了。正是这种阻力限制了电子的运动，从而加热了灯丝并使灯泡发光。

延伸阅读

意大利物理学家亚历山德罗·伏特因发明第一款电池而备受赞誉，但电池的发明要间接地感谢与其同时代的路易吉·加尔瓦尼在青蛙腿上进行的试验。他发现，青蛙的肌肉在通电时会抽搐。

电流总是通过最便捷路径到达地面。

当电子在原子间运动时，电就产生了。

电以每秒约30万千米的速度传播。如果人类有此速度，那么开灯的那一瞬间，人类便可以环球旅行8次。

人脑的功率是10瓦到25瓦，正好足够点亮一个灯泡。

电流

电子移动轨迹

开关

电源

电源可以是直流电，也可以是交流电。电池是直流电的一种，电池中的电荷是由化学反应产生的。发电站由于磁体在铜线圈中的运动而产生了交流电。

167

7.6　细菌的内部生活

今天存在于我们身上和周围的细菌在地球生命诞生之时就开始演化了。细菌是单细胞生物，具有在最终演化出一切的最初生物中发现的基本结构。究其实质，最早出现在地球上的生命形式就是细菌。

细菌有害，恶名在外。实际上，有益的细菌远比有害的细菌多。比如，人体肠道中的细菌对于消化食物、制造维生素和刺激免疫系统至关重要。

当细菌进入人体组织时，就会出现细菌感染。细菌通常通过口、鼻和眼睛进入人的身体，但也可以通过伤口进入。如果这些感染继续发展，就会造成大规模的瘟疫和死亡（例如，1348—1350年，欧洲的黑死病导致7700万人死亡），但抗菌药物（抗生素）的出现有利于我们遏制疫情。在抗生素出现之前，化学家路易斯·巴斯德在1864年发现，牛奶煮沸的过程会杀死所有已知的细菌，因此有了"巴氏杀菌"这个术语。

延伸阅读

第一位微生物学家，荷兰人安东尼·范·列文虎克是第一个"看到"细菌的人。他开创了用高倍显微镜观察很多事物的先河，并在池塘的水里发现了细菌。

细菌的结构

细菌分为两类：细菌和蓝细菌。蓝细菌能
为我们提供充足的氧气。

细菌有三种形状：球形（球菌）、杆状
（杆菌）、螺旋状（螺旋菌）。

细菌可以在很大的温差范围内存
活和繁殖。

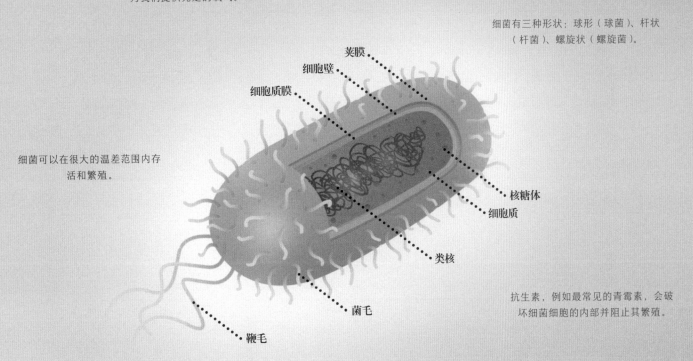

荚膜

细胞壁

细胞质膜

核糖体

细胞质

类核

菌毛

鞭毛

抗生素，例如最常见的青霉素，会破
坏细菌细胞的内部并阻止其繁殖。

细菌很小，非常小。它们的大小约为1000
纳米，而一纳米是百万分之一毫米。

人体内的细菌细胞多于人体细胞，
数量甚至多于地球上的人。

7.7 磁性规则

磁体是能够产生磁场的物体或材料。我们的地球就是一个磁体。所有磁体都有北极和南极。磁体异极相吸，同极相斥。

磁体内的电子运动产生磁场。这种运动产生的磁性也把磁铁和电联系了起来，这就是我们所说的电磁。它们是一枚硬币的两面。

磁体有两种类型，永磁体和电磁体。在永磁体中，磁场是固定的，并且始终处于工作状态。而在电磁体中，磁场只有在通电时才会产生。这些不同的属性意味着不同的工作最好由某一种特定类型的磁体来承担。将备忘录固定在冰箱上时所使用的冰箱贴，是永磁体的典型例子。而电磁体存在于我们经常使用的大多数机器中，例如汽车、音响、电视机和计算机。

当电流沿着导线流动时，就会产生磁场；当磁铁在线圈内旋转时，就会产生电流。了解这一点，再了解一些关于电子（围绕原子核运动）的知识，就可以解释在没有明显电流的情况下，磁场是如何产生的了。

延伸阅读

在中国上海，上海磁浮列车利用了磁悬浮技术，即利用磁力使物体悬浮，来运送乘客。该列车的平均速度可达250千米/时，远超传统轨道列车。

地球的磁力来自液态的地心，这使得地球成为一个硕大的磁体。

磁力总是在两极最强。

磁体吸力在很远的距离上仍能起作用，甚至在诸如太空之类的真空中也是如此。

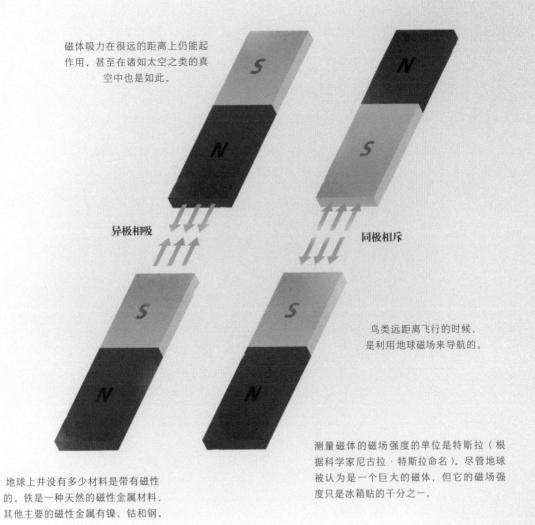

异极相吸

同极相斥

鸟类远距离飞行的时候，是利用地球磁场来导航的。

地球上并没有多少材料是带有磁性的。铁是一种天然的磁性金属材料，其他主要的磁性金属有镍、钴和钢。

测量磁体的磁场强度的单位是特斯拉（根据科学家尼古拉·特斯拉命名）。尽管地球被认为是一个巨大的磁体，但它的磁场强度只是冰箱贴的千分之一。

7.8 计量的历史

我们计量的三个主要维度是距离、质量和时间。它们都由有限的单位组成，这些单位已经实现了全球标准统一。在英国波士顿的1秒钟和在美国马萨诸塞州波士顿的1秒钟是相同的，马德里的1千克和曼彻斯特的1千克也是相同的，1米不论是在长岛还是利特尔汉普顿都是一样的。这是至关重要的，因此不管在世界的哪个角落，当你订购了4千克面粉并要求在3天内送达时，商家都能明白你的意思。

现今米制计量系统的规范很大程度上归功于1789—1799年的法国大革命和路易十六。路易十六下令开发一种新的计量系统，这种计量系统比以前使用的计量系统更普遍适用。

延伸阅读

每隔3000万年，即使是世界上最准确的钟表，例如在马里兰州的美国国家标准与技术研究所的NIST-F1，也会快或慢那么1秒钟。

计量单位古今对比

历史标准

现行标准

基于太阳在地球周围的明显运动，将一个太阳日除以24（得到小时），再除以60（得到分钟），每分钟进一步除以60，得到1秒的时长。

1967年以来，1秒被定义为铯133原子基态的两个超精细能阶之间跃迁相对应辐射的9,192,631,770个周期所持续的时间。

1秒

1米最初被定义为从北极到赤道的距离的一千万分之一。

1米是光在1/299,792,458秒的时间间隔内在真空中行进的长度。1797年，单词metre（米）被引入英语。

1米

三粒大麦的长度。1606年之后，英寸就用三粒大麦粒的长度来表示，因为大麦粒拥有统一的长度——8毫米。

2.54厘米

1英寸

1升水在0℃时的质量。

等于国际千克原器的质量。这是一件铂铱合金圆柱体，其中铂的质量为90%，铱的质量为10%。

1千克

7200粒小麦的质量。

0.45359237千克

1磅

7.9 药物和医疗

我们生了病，要想恢复健康就得服药。"医学"这个词包含了五花八门的治疗方法，依据其作用机制，可以分为以下三类：

- 弥补缺陷——补充

- 消灭入侵者——消炎

- 改变细胞行为——调节

补充

佝偻病是一种可以导致骨折和畸形的骨骼软化症，是缺陷型疾病的典型例子，可以通过服用维生素 D、钙片，并多晒太阳的方式进行治疗。

消炎

细菌感染是致病的主要原因，青霉素可能是最广为人知的治疗细菌感染的常用药物。亚历山大·弗莱明于1928年偶然发现了青霉素。究其本质，青霉素通过破坏细菌的细胞壁来发挥作用。

调节

布洛芬和大多数调节剂一样，实际上并没有治愈你的疾病，但它通常能完全抑制症状。通过抑制环氧合酶——一种负责产生疼痛信号的酶，布洛芬能有效地诱使身体认为自身不再疼痛。

除了以上三类治疗方式，给药方式也很重要。药物是通过血液抵达全身的，因此血液吸收药物的速度将会影响治疗效果。

- 静脉注射——直接注入血液

- 肌肉注射——直接注入肌肉

- 皮下注射——注射到皮下

- 直肠——由直肠黏膜吸收

- 口服——吞咽

给药方式的选择取决于药物的类型、所涉及的疾病以及给药所需要的速度和周期。人们似乎总是希望药物尽可能快地生效，但有些治疗方法，例如胰岛素治疗糖尿病，需要较长的时间才能起作用。

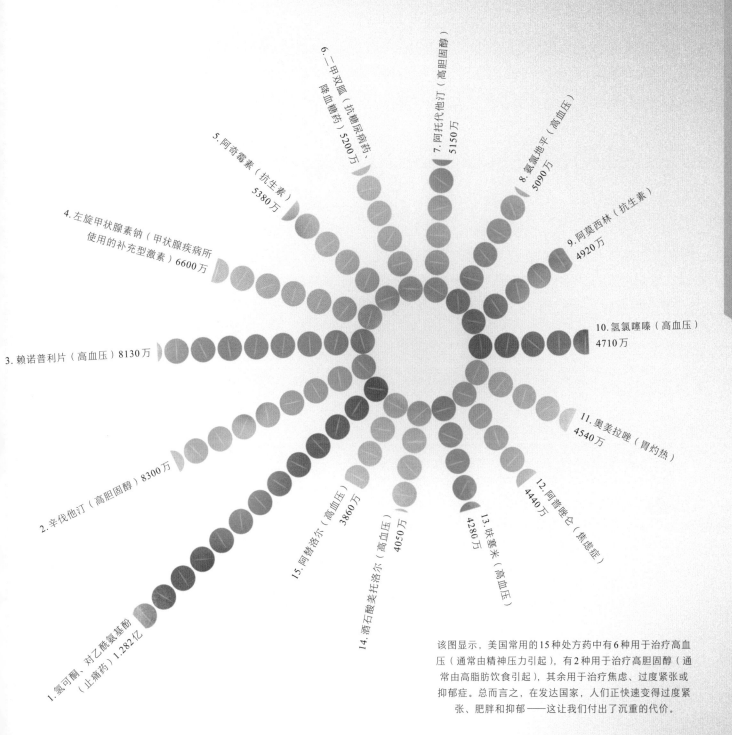

6. 二甲双胍（抗糖尿病药、
降血糖药）5200万

7. 阿托伐他汀（高胆固醇）
5150万

5. 阿奇霉素（抗生素）
5580万

8. 氨氯地平（高血压）
5090万

4. 左旋甲状腺素钠（甲状腺疾病所
使用的补充型激素）6600万

9. 阿莫西林（抗生素）
4920万

3. 赖诺普利片（高血压）8130万

10. 氢氯噻嗪（高血压）
4710万

11. 奥美拉唑（胃灼热）
4540万

2. 辛伐他汀（高胆固醇）8300万

12. 阿普唑仑（焦虑症）
4440万

13. 呋塞米（高血压）
4280万

15. 阿替洛尔（高血压）
3860万

14. 酒石酸美托洛尔（高血压）
4050万

1. 氢可酮、对乙酰氨基酚
（止痛药）1.282亿

该图显示，美国常用的15种处方药中有6种用于治疗高血压（通常由精神压力引起），有2种用于治疗高胆固醇（通常由高脂肪饮食引起），其余用于治疗焦虑、过度紧张或抑郁症。总而言之，在发达国家，人们正快速变得过度紧张、肥胖和抑郁——这让我们付出了沉重的代价。

7.10 什么正在扼杀人类

人类死亡的方式有很多，但是人类在演化的过程中已经掌握了许多延缓死亡的办法。由于我们现在的生活方式，事实上那些导致我们死亡，或者至少是导致我们生病的原因也在发生变化。甚至可以确证，现在导致我们死亡的某些疾病在以前对我们并没有什么影响，这仅仅是因为随着寿命的延长，疾病也就获得了更多袭击我们的机会。

世界卫生组织在研究死亡原因时，将其划分为三个主要类别：（1）非传染性疾病；（2）传染病、孕产妇和围产期疾病、营养不良；（3）伤害。在最新的数据中，这些因素分别占58.65%，32.31%，9.04%。

心血管疾病是全球范围内最大的健康杀手，每年占死亡人数的近30%。各类癌症夺走了12.46%的人的生命，超过5%的人死于艾滋病。令人惊讶的是，超过2%的人死于道路交通事故，战争造成的死亡仅占0.3%，而死于自杀的人数则占1.53%。

从19世纪到现在，发达国家的主要变化在于抗生素（尤其是青霉素）的发现。在19世纪，细菌疾病很普遍。当时最常见的疾病的是肺炎、肺结核、白喉和伤寒。

延伸阅读

即便不死于疾病，人也会变老并死亡。这种衰老是我们染色体的保护帽退化导致的。2010年，美国哈佛大学的研究人员通过控制这个保护帽而逆转了老鼠的衰老现象。这一实验即将在人身上进行。

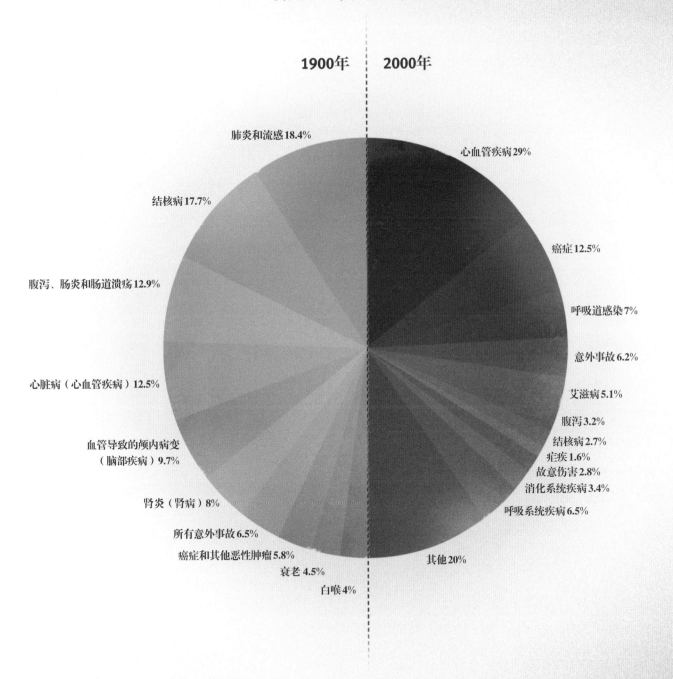

美国1900年和2000年的致死因素

1900年　　2000年

肺炎和流感18.4%

结核病17.7%

腹泻、肠炎和肠道溃疡12.9%

心脏病（心血管疾病）12.5%

血管导致的颅内病变
（脑部疾病）9.7%

肾炎（肾病）8%

所有意外事故6.5%

癌症和其他恶性肿瘤5.8%

衰老 4.5%

白喉4%

心血管疾病29%

癌症12.5%

呼吸道感染7%

意外事故6.2%

艾滋病5.1%

腹泻3.2%

结核病2.7%

疟疾1.6%

故意伤害2.8%

消化系统疾病3.4%

呼吸系统疾病6.5%

其他20%

7.11 速度

大家都知道，那个虚构的超级英雄"超人"飞得比子弹还快。这种速度的确不同凡响，但最快的还是光。在很长一段时间里，直到17世纪中叶，大多数人都认为光是瞬时传播的。

1676年，丹麦天文学家奥勒·罗默首次注意到光是以有限的速度传播的。在观察木星时，奥莱·罗默发现当地球离木星较近时，木星和木卫一相互掩食的发生时间比预期的早。对此的唯一解释是，光到达地球需要的时间变短了，因此光的传播不是瞬间完成的。

关于光速，需要说明的一个重要问题是它的速度是恒定的。无论光源是什么，不管是冰箱里的灯还是最昂贵的军用激光器，光的速度都不会改变。光速的恒定性和快速性对于测量距离地球很远的物体非常有用。科学实验通常所说的空间距离，不是以千米为单位的距离，而是以光线到达正在测量的物体所花费的年数，或者说是以光年为单位的距离。

光的速度用c表示，是爱因斯坦狭义相对论公式中的一个重要组成部分。

布加迪威龙汽车的速度
119.4 米/秒

声速
340 米/秒

协和式客机的速度
600 米/秒

子弹的速度
1500 米/秒

猎豹的速度
32.2 米/秒

牙买加运动员尤赛恩·博尔特打破 100 米世界纪录时的速度
10.44 米/秒

0 ⋯⋯⋯⋯⋯⋯⋯⋯⋯⋯⋯⋯⋯⋯⋯⋯⋯⋯⋯⋯⋯⋯⋯⋯⋯⋯⋯⋯⋯⋯⋯⋯⋯⋯⋯⋯⋯

延伸阅读

光以每小时 1,080,000,000 千米的速度传播，给我们的感觉只是一瞬间，而在太空的环境下，它就显得很慢了。如果你和火星上的宇航员对话，以光速传播的无线电信号需要42分钟才能到达地球。

光速
299,792,458 米／秒

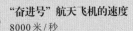

"奋进号"航天飞机的速度
8000 米／秒

.... 1 秒

7.12 科学和医学的辉煌时刻

显而易见，由于人类能够独立思考，我们能看到科学和医学领域取得了许多惊人进步。然而，在很多情况下，与这些领域的某一特定发展相关的科学家、数学家以及医学家，并不一定就是第一个做出发现的人。他们只是最善于传达自己的发现罢了。

毫无疑问的是，一切新发现总会更快地推动该领域发展。这就是为什么人类取得进步和成就的速度呈现指数型增长。这种增长可以通过 1202 年由比萨的莱昂纳多提出的斐波那契数列来说明。

公元前 580 年
毕达哥拉斯出生于希腊萨摩斯岛

公元前 460 年
西方医学奠基人希波克拉底出生于希腊科斯岛

1202 年
比萨的莱昂纳多提出了斐波那契数列

1543 年
波兰天文学家哥白尼提出了日心说

1687 年
牛顿出版《自然哲学的数学原理》一书

1749 年
免疫学之父爱德华·詹纳出生于英国格洛斯特郡伯克利

1802 年
英国科学家约翰·道尔顿发现原子

1804 年
日本外科医生华冈青洲进行第一

延伸阅读

在自然界中经常能发现斐波那契数列。1，1，2，3，5，8，13，21，34，55，89，……这个数列从第三项开始，每一项都等于前两项之和。经典的例子是在蜗牛壳上能见到斐波那契螺旋。

1818年
詹姆斯·布伦德尔医生在伦敦第一次成功输血

1842年
美国医生克劳福德·朗使用乙醚作为一种全身麻醉剂

19世纪50到60年代
路易斯·巴斯德（法国）和罗伯特·科赫（普鲁士）建立起关于疾病的细菌理论

1860年
弗洛伦斯·南丁格尔建立护士培训学校

1897年
德国科学家菲利克斯·霍夫曼研发了神奇药物阿司匹林

1928年
英国生物学家亚历山大·弗莱明发现青霉素

1967年
南非心脏外科医生克里斯蒂安·巴纳德进行第一例心脏移植手术

1983年
艾滋病毒被分离出来

2010年
第一例全脸移植手术在西班牙完成

1821年
英国数学家和发明家查尔斯·巴贝奇设计了第一台计算机——差分机1号

1859年
查尔斯·达尔文出版《物种起源》一书

1895年
马可尼发射一个跨越1.6千米的无线电信号

1945年
第一颗原子弹在美国新墨西哥州爆炸

1953年
克里克和沃森建立DNA模型

1961年
苏联宇航员尤里·加加林成为首位进入太空的人

1990年
哈勃太空望远镜发射升空

第 8 章

技术和交流

8.1 科学进步

发明的能力是人类与地球上其他所有动物的区别之一。这种能力是我们的大脑长期发展和进化的副产品。同时，这也是人类从来不满足于已有成就的结果。

人们常说今天的科技创新和应用是"自切片面包以来最伟大的发明"。好吧，切片面包，或者更准确地说是一个用于切割面包并用蜡纸包裹它们的机器，发明于1928年。它被发明之后，面包消费量大大增加，主要是因为它使人可以轻而易举地"再来一片"。这并不是此项发明的初衷；新的发明或者创造产生意料之外的结果，也并非这一例。人类的第一个伟大发现——火，最初仅仅用于取暖，但当火开始被用于烹饪动物的肉时，它对促进人类进化产生了始料未及的连锁效应。

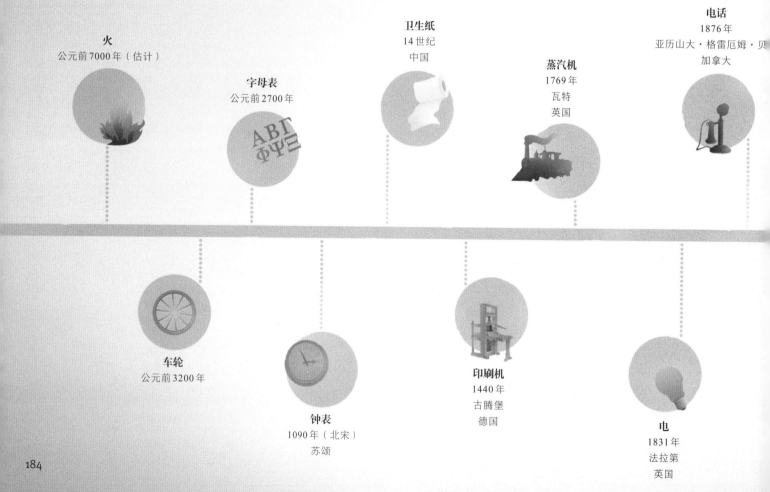

火
公元前7000年（估计）

字母表
公元前2700年

卫生纸
14世纪
中国

蒸汽机
1769年
瓦特
英国

电话
1876年
亚历山大·格雷厄姆·贝
加拿大

车轮
公元前3200年

钟表
1090年（北宋）
苏颂

印刷机
1440年
古腾堡
德国

电
1831年
法拉第
英国

延伸阅读

时间轴，这种以图形的方式显示简单的历时性事件的办法，是由一位名叫莱昂哈德·欧拉（1707—1783）的瑞士数学家发明的。

电视机
1925 年
约翰·洛吉·贝尔德
英国

互联网
1989 年
蒂姆·伯纳斯－李
英国

动力飞机
1903 年
怀特兄弟
美国

计算机
1936 年
艾伦·图灵
英国

汽车
1889 年
戈特利布·戴姆勒
德国

洗衣机
1906 年（有争议）

切片面包
1928 年
奥托·罗维德
美国

手机
1973 年
马丁·库帕
美国

8.2 交通工具的演变

　　轮子是当之无愧的最重要的发明或发现。自从人类演化为智人并且具备了创造能力之后，毫无疑问，轮子的发明便彻底地改变了人类的生活。及至21世纪，我们日常生活绝对离不开轮子。

　　轮子像圆圈一样，因此具备了更新和重生的象征意义。轮子本身就是一个强有力的隐喻，说明了这种装置是如何帮助我们生存和繁荣的。圆形车轮作为一种运输材料、家当，以及运送我们自身的手段，已经帮助我们征服了地球。

　　第一个轮子并不是真正的轮子，而是数百个"轮子"（往往是原木或者树干）连在一起。在重物底下放上一组树干，比直接贴着地面向前推要更轻松。由此到使用切成薄片的树干，或者说是树干的横截面，这一刻代表着轮子的诞生。接着又增加了一个中心轴，轮子可以围绕其转动。大约在3000年前迈出的这一步，使轮子定了型。

约公元前4000年
一组原木排列在一起，埃及人用以运送建造大金字塔所需的石头

约公元前3807年
欧洲第一条木制步道斯威特古道，位于英格兰格拉斯顿伯里附近

约公元前3500年
带桨的木筏（或河船）首次被使用

约公元前3200年
带轮轴的车轮首次被生产

公元前3000年
美索不达米亚出现战车

约公元前2000年
马车出现

公元前312年
罗马人建设了第一条铺面道路，被称为"阿皮安路"

公元前234—公元前181年
独轮车出现

700年
埃及可能发明了三角帆船

770年
马蹄铁的使用提高了马的运输能力

852年
降落伞雏形出现

1266年
指南针在中国首次出现

1662年
法国人布莱士·帕斯卡发明了马拉的四轮马车

1801年
理查德·特里维希克演示了他的蒸汽火车

186

1817 年
德国男爵卡尔·冯·德莱斯发明了一辆名叫德拉辛的老式脚蹬踏自行车

1825 年
第一条向公众开放的铁路，位于英格兰东北部的斯托克顿和达灵顿地区

1867 年
摩托车出现

19 世纪 70 年代
詹姆斯·斯塔利发明了前轮大后轮小的脚踏车

1885 年
约翰·肯普·斯塔利发明了带链条的安全自行车

1885 年
卡尔·本茨制造了世界上第一辆实用汽车

1888 年
约翰·博伊德·邓洛普发明了第一个充气轮胎

1903 年
奥维尔·莱特和威尔伯·莱特试飞第一架动力飞机

1919 年
第一个定期国际商务空运每日航班从伦敦飞往巴黎

1947 年
美国的查克·那格尔第一次驾驶超音速喷气式飞机

1964 年
日本人发明了超快速子弹头列车

1969 年
第一艘载人航天器成功登月

1970 年
第一架大型喷气式飞机飞向天空

1981 年
美国航空航天局发射了首架航天飞机

2001 年
赛格威电动平衡车出现

8.3 印刷技术史

最早的印刷方法是把字雕刻在木板上，然后在木板上涂上墨汁，再印到纸上。这非常耗时而且复杂，因为无论印刷什么都必须反向雕刻。

印刷技术的重大飞跃是把字母表上的每个字母单独做成字模，同时制作了可以固定字母的框架，这就是印刷机。虽然自15世纪中期约翰内斯·古腾堡发明印刷机以来，印刷技术一直在改进，但是现在的印刷过程与以前并没有本质的不同，只不过一切都是通过计算机完成的。

印刷技术的进步对于信息和思想的传播至关重要。在专制制度下，人们把思想言论印刷成书去反抗统治者的意识形态，因为独裁统治禁止言论自由。以印刷形式出现的言论自由是危险的武器。如果笔比剑更强大，那么就不能否认，印刷机比笔更强大。

868年
《金刚经》是世界上第一部纸质印刷书籍，或者是迄今为止发现的最早的纸质印刷书籍

1041年
毕昇发明活字印刷术。用覆盖着墨水的雕刻木块，将文字和图像转印到纸上

1241年
韩国人使用金属活字印刷书籍

1309年
欧洲人首次成功造纸

1338年
第一家造纸厂在法国开业

1430年
凹雕印刷被首次使用

1476年
在英格兰，威廉·卡克斯顿使用古腾堡印刷机

1501年
斜体字被首次使用

1543年
哥白尼出版了他的《天体运行论》

1570年
第一部英文小说威廉·鲍德温的《当心那只猫》出版

1605年
约翰·卡罗勒斯在斯特拉斯堡印刷第一份周报《关系》

1611年
钦定版《圣经》出版

延伸阅读

路易斯·布莱叶的六点书写系统，是从查尔斯·巴比德·拉塞尔发明的类似凸字的早期编码书写方式（夜间写作代码）发展而来的。这组代码被用于发送军事信息，可以在夜晚没有光线的战场上阅读。

1796年
平版印刷术。使用石板或者金属板作为板材，由阿罗斯·塞尼菲尔德尔发明

1824年
15岁的法国少年路易斯·布莱叶发明了现在以他的名字命名的六点系统

1903年
美国人艾拉·华盛顿·鲁贝尔偶然发明了胶版印刷。当时他忘记将纸放入印刷机。油墨沾在了橡皮滚筒上，然后当他插入纸张时，结果纸张上的图像更清晰了

1927年
国际图书馆联盟成立。它们统筹所有出版书籍的编目

1932年
德国的信天翁出版社推出了第一本面向大众市场的平装书

1995年
亚马逊网站开始销售图书

1998年
软书发布了第一款电子书阅读器

2007年
亚马逊发布了第一代数字电子书阅读器 Kindle

2011年
图书将走向何处？

1623年
第一部莎士比亚剧本合集《第一对开本》出版。如果没有这部合集，就没有今天的莎士比亚了

1755年
塞缪尔·约翰逊出版第一本字典

1785年
《泰晤士报》（原名《每日环球记录报》）首次出版。它是世界上最古老的国家报纸

1920年（美国）、1921年（英国）
阿加莎·克里斯蒂的第一本书《斯泰尔斯庄园的神秘案件》出版

1925年
阿道夫·希特勒的自传《我的奋斗》出版

1960年
哈珀·李的《杀死一只知更鸟》被视为有史以来最好的小说之一

1988年
斯蒂芬·霍金教授出版《时间简史》，这是一本重要且受欢迎的关于宇宙历史的书

1997年
J.K.罗琳的《哈利·波特与魔法石》出版（第一次出版仅印刷了500册）

2005年
史迪格·拉森的《龙文身的女孩》出版

8.4 交流史

因为流传下来的资料非常有限，古代的交流历史很难被记录下来。尽管我们可以根据洞穴壁画进行可靠的推测，但我们只能臆测口头交流是如何发展的。至于其他形式的交流情况，有些研究者认为，当时的人们或许利用非常简单的方式，比如结绳记事的方式来传递信息。由于没有任何流传下来的实物样本可供研究，我们无从确切地了解。

交流及其演进可以分为两个领域，即口头的和视觉的。前者从动物发出的表示警告或者抚慰的简单声音发展而来。当人类开始用两只脚走路时，声带的形状发生了改变，我们所发出的声音就不只是简单的喉音了。

尽管人们认为视觉交流与口头交流是不同的，但是视觉交流原本可能是在我们的语言能力有限的情况下发展起来的。在语言被创造出来之前，人们认为绘画是被用来解释或者记录事件的。一旦产生了语言，大部分的视觉交流就成了所描绘事物的象征，而非其真实的再现。

据估计，现在一份普通报纸上每周所包含的信息量比18世纪时一个人一辈子了解到的都要多。

延伸阅读

闭锁综合征的患者，处在一种意识清醒的状态下，但是由于几乎全身所有的肌肉都完全瘫痪，患者无法运动，无法用声音交流。让-多米尼克·鲍比通过眨自己的左眼成功完成了他的自传《潜水钟与蝴蝶》。

3.2万年前
洞穴壁画

↓

1.2万—1万年前
岩画——岩石上的雕刻

↓

7000年前
象形文字

↓

5000年前
苏美尔楔形文字

↓

4000年前
埃及圣书体文字

↓

2700年前
拉丁字母

↓

约1950年
现代标志
象形文字演化成符号，用符号表意

8.5　电话的工作原理

尽管在过去的60年里，电话和手机从外观上看已经发生了巨大的变化，但它们的工作原理基本保持不变。

电话的工作原理是将声波转换为电流，电流通过电线传输，然后将电流转换回声波。从本质上讲，电话与两个罐子加一根绳没有什么不同，但电话的效率更高，可以工作更长的时间，并且可以在几乎无限远的距离上工作。

借助"罐子电话"的方式，你的声音所导致的空气振动使罐子一端也产生振动，这个振动通过连接两个罐子的绳传到另一端的罐子，并使其产生相同的振动，从而产生和说话时相同的声波。绳子绷得越紧，传导效果就越好。

电话复制了这个想法。罐子的末端被一层膜和碳颗粒代替。当你说话时，声波使附着在电路上的膜振动。膜的振动改变了电路中的电流，这就是通过电话线传递的"电信号"。

当你拨打一个号码并且有人接听时，实际上正在接通一个电路。这样，你的电信号就可以沿着与你相连的电线传播，并作用于听筒，与你对话筒说话的过程相反，电信号最终转化成了声波。

虽然技术已经取得了长足的进步，我们不再需要连接电话两端的电线，但电话的工作原理却没有改变：声波被转换成无线电信号，然后发送到接收器，接收器再将它们转换回声波。

大多数现代移动电话和智能手机的外观和触感，可能与原始的旋转拨号电话大有不同，但支持拨打电话的大部分技术几乎完全一样。

电路板
所有的手机内部都有一块印刷电路板。这块电路板包含着所有的电子元件，这些元件通过铜线连接在一起，并使电话工作。电路板里还存储着所有手机的内存、软件和应用程序

拨号
通过拨号，你发送一个脉冲序列（也可能掉线）到电话线

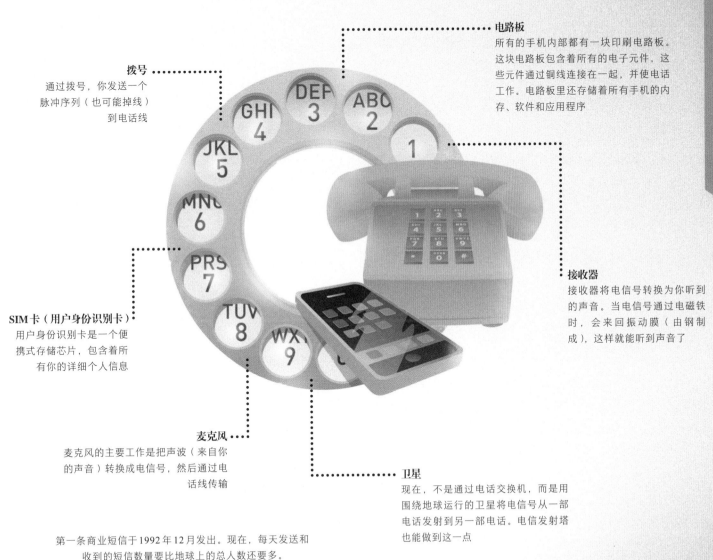

接收器
接收器将电信号转换为你听到的声音。当电信号通过电磁铁时，会来回振动膜（由钢制成），这样就能听到声音了

SIM卡（用户身份识别卡）
用户身份识别卡是一个便携式存储芯片，包含着所有你的详细个人信息

麦克风
麦克风的主要工作是把声波（来自你的声音）转换成电信号，然后通过电话线传输

卫星
现在，不是通过电话交换机，而是用围绕地球运行的卫星将电信号从一部电话发射到另一部电话。电信发射塔也能做到这一点

第一条商业短信于1992年12月发出。现在，每天发送和收到的短信数量要比地球上的总人数还要多。

8.6 轨道卫星

1957年10月4日，世界变了。尽管在当时未必每一个人都意识到这一变化，但是"斯普特尼克号"人造地球卫星成功发射并进入预定轨道，具有重大意义。"斯普特尼克号"打响了20世纪60年代美苏太空竞赛的发令枪，导致第一次登月并永久地改变了我们的通信方式和生活方式，世界因此变得更小。

地球轨道卫星"斯普特尼克号"，直径约为58厘米，大约有一个沙滩球那么大。由谢尔盖·科罗廖夫领导的苏联团队设计的"斯普特尼克号"卫星，向地球传回了"哗哗"声，直到23天后它的电池电量耗尽。当发光的天体从头顶飞过时，世界各地都能接收到"哗哗"声。"斯普特尼克号"卫星围绕地球继续运行，每绕地球一圈需要耗时96分12秒，直到1958年1月4日，它再次进入大气层时被烧毁。

自从人造地球卫星首次穿过大气层飞离地球，目前（2011年）人类已经发射了近7000颗人造卫星（包括低地球轨道卫星和地球静止卫星）。其中大约有3000颗卫星绕地球轨道运行，传输数据并对地球进行监测。这些卫星的主要活动包括气象监测、通信、科学研究、导航、地球观测和军事侦察。现在无论你在何处、做何事，总会有人在某个地方看到你的身影或者听到你的声音。无论你是正在使用移动电话，或者在使用车上的卫星导航系统，还是在电视上看大型体育比赛，你都不孤独。

延伸阅读

"斯普特尼克号"卫星坠入大气层烧毁前，苏联已经于1957年11月7日发射了它的继任者——"斯普特尼克2号"卫星。这是一颗更大的卫星，搭载了第一个被发射出大气层的活体动物。那是一只狗，据报道是一只莱卡犬，它的名字并不为人所知，因为它是一只在莫斯科街道上发现的流浪狗。

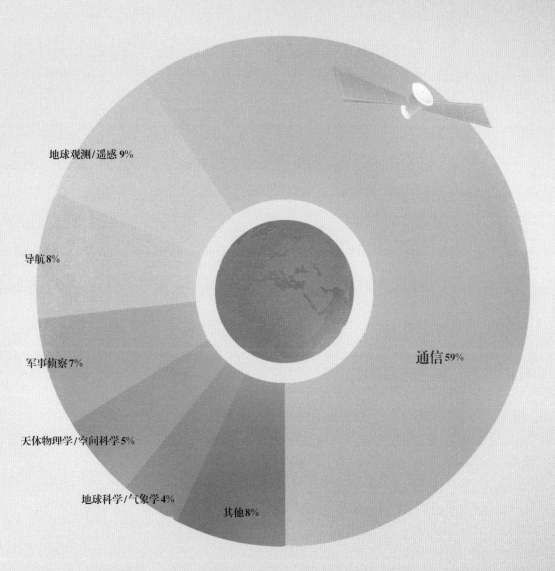

卫星被用于

地球观测/遥感 9%

导航 8%

军事侦察 7%

天体物理学/空间科学 5%

地球科学/气象学 4%

其他 8%

通信 59%

（所有数据来源于UCS卫星数据库，2010年）

8.7 个人电脑时代

1950年，计算机科学家艾伦·图灵预测，到千禧年之际，计算机将有10亿字节的内存，这在当时被认为是无稽之谈。2011年，全球流行的32GB智能手机大约有320亿字节的内存。

随着微芯片的发明，对计算机来说，一切都在成为可能，并且随着芯片越来越小，其运行速度也提高了——计算机的功能几乎没有限制。1974年，第一款"真正的"英特尔处理器8080（一台使用微芯片运行的计算机），有2500个晶体管。到2004年，英特尔2号则有5.92亿个晶体管。

MIPS，即计算机一秒内可以处理的指令数量，可以说是判断计算机速度的最佳指标。它显示了从第一台个人计算机发明开始，计算机是如何在速度、功能和内存上突飞猛进的。

艾伦·图灵的梦想——真正的人工智能——几乎已经实现。并且不久之后，计算机自身就会开始发明更好的自己。科幻和事实似乎也越来越接近。

延伸阅读

戈登·E.摩尔是英特尔（世界上最大的半导体芯片制造商）的创始人之一。1965年，他指出在单个计算机芯片中使用的组件数将每年翻一番，并且确信这种趋势会持续至少10年。1975年，他将"每年翻一番"改为"每两年翻一番"。摩尔定律是各种领域的硬件开发的一个宣示和目标，它涉及的领域从芯片的晶体管数量到你用的数码相机的每一美元的像素数量。

该图显示了个人计算机的运行速度和发展，显示了过去35年间许多重要的计算机芯片的MIPS

英特尔8080 *0.5*
（1974年）——第一枚"真正的"电脑芯片

摩托罗拉68000 *1*
（1979年）——苹果电脑 Mac 的处理器

英特尔286 *2.66*
（1982年）——MS-DOS 电脑芯片

英特尔386DX *11.4*
（1985年）

摩托罗拉68040 *44*
（1990年）

英特尔486DX *54*
（1992年）——实现鼠标"选中并点击"

摩托罗拉68060 *88*
（1994年）——高端 Mac 和工作站

英特尔奔腾 Pro *541*
（1996年）——游戏电脑的开始

英特尔奔腾 III *1354*
（1999年）——高质量图像

AMD速龙 *3561*
（2000年）——第一枚1吉赫速度的电脑芯片

英特尔奔腾 4 至尊 *9726*
（2003年）——比8080快2万倍

IBM Xenon 三核 *1.92万*
（2005年）——用于 Xbox 360

英特尔酷睿 2 至尊 *59,455*
（2008年）——64位多核处理

英特尔酷睿 i7 至尊 *14.76万*
（2010年）——下一步会走向何处？

197

8.8 互联网的成长

互联网自1991年底诞生以来从未中断，这归功于蒂姆·伯纳斯-李爵士。根据最新估计，现有网页的数量超过250亿，而且你开始阅读这句话时，数据就已经发生了变化。

如果每张网页是一张标准的A4纸，把它们堆成一摞，可以高达2500千米——相当于从格拉斯哥到罗马的距离。

延伸阅读

第一张网页是http://www.w3.org/History/19921103-hypertext/WWW/Theproject.html。它在1纳秒内没有任何图片和下载记录。

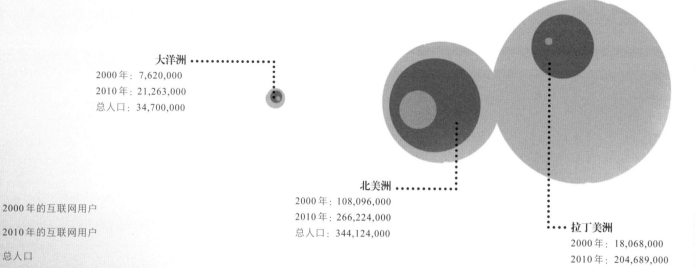

大洋洲
2000年：7,620,000
2010年：21,263,000
总人口：34,700,000

北美洲
2000年：108,096,000
2010年：266,224,000
总人口：344,124,000

拉丁美洲
2000年：18,068,000
2010年：204,689,000
总人口：592,556,000

⬤ 2000年的互联网用户
⬤ 2010年的互联网用户
⬤ 总人口

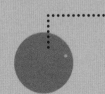

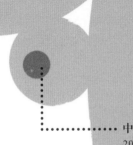

毋庸置疑，访问互联网的人数正在增长，但这张图表显示世界各地仍有大量人口没有访问互联网。

每天发送的邮件数高达2100亿封，但据估计80%是垃圾邮件。

非洲
2000年：4,514,400
2010年：110,931,000
总人口：1,013,779,000

亚洲
2000年：114,304,000
2010年：825,094,000
总人口：3,834,792,000

2010年，谷歌月平均搜索量达到310亿次。

中东地区
2000年：3,284,800
2010年：63,240,000
总人口：212,336,000

欧洲
2000年：105,096,000
2010年：475,096,000
总人口：813,319,000

互联网用4年的时间吸引了5000万使用者，相形之下电视花了13年时间才完成这一目标，而收音机则花了38年。

8.9 社交网络

如果你有一个曾和你一起上学，但已经失去了联系的人，那么你可以通过社交网络与其取得联系。实际上，这是简单到可笑的事情。有了互联网，每个人都可以与潜在的任何人联系起来，只需点击几下鼠标，没有找不到的人。

所谓"六度分隔理论"说的是，最多通过六个人就能认识任何一个陌生人。脸书、推特和聚友网等网站的兴起，已经证明这是确凿无疑的。你不仅可以找回失散多年的同窗好友，而且可以找到你是名人、政治家或地球上任何人的好朋友的感觉。

同窗网是第一个社交网站，1995年推出，至今长盛不衰。但是，也有其他社交网站超过它，而脸书的风头盖过所有社交网站。

但是社交网站的新贵当数推特，它与其他网站略有不同，用户可以在这里发表观点和评论，但仅限140个字符。由于推特用户可以互相关注、彼此分享，因此用户数量以不可思议的速度增长。

全球主要社交网站用户数量

QQ空间Qzone（2005年）
3亿

同窗网Classmates（1995年）
6000万

友人网Friendster（2002年）
9500万

脸书Facebook（2004年）
5亿
每个脸书用户平均有130个好友

聚友网Myspace（2003年）
1.3亿

推特Twitter（2006年）
1.9亿
推特每天新增用户30万人

领英LinkedIn（2003年）
8000万
领英每秒钟新增一个用户

8.10 太空旅行

1950年4月，新的连环漫画在英国面世。创作者弗兰克·汉普森曾在第二次世界大战期间看到过德国火箭。漫画描绘了"未来号"飞船的驾驶员丹·戴尔的历险故事。这个故事的背景设定在1995年，"未来号"的第一次探险是飞往金星，为资源枯竭、面临绝境的地球寻找新的食物来源。

汉普森的想法过于超前了，我们至今还没有将人送到比月球更远的地方。但他的幻想原则上并没有错。在那个故事中，苏联和美国共同利用德国技术探索太空。

探索太空成本巨大，因此首次登月之后，人们便通过使用无人航天器来降低成本。除了飞往遥远的星球，哈勃望远镜拍摄的图像加深了我们对于太空的了解。从某种程度上而言，我们从哈勃望远镜中得到的东西比从遥远的太空旅行中得到的更多。哈勃望远镜所接收的图像距离之远超出了任何飞船所能到达的距离。

进入21世纪之后，人类迁徙到另一颗星球一直是热议的话题。由于我们有限的资源面临枯竭，这种讨论可能不仅仅是出于对知识的渴求，而是现实的需要。

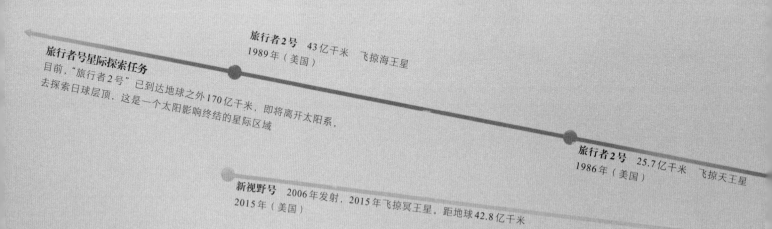

旅行者2号　43亿千米　飞掠海王星
1989年（美国）

旅行者号星际探索任务
目前，"旅行者2号"已到达地球之外170亿千米，即将离开太阳系，去探索日球层顶，这是一个太阳影响终结的星际区域

旅行者2号　25.7亿千米　飞掠天王星
1986年（美国）

新视野号　2006年发射，2015年飞掠冥王星。距地球42.8亿千米
2015年（美国）

人造航天器飞离地球的距离

延伸阅读

只有 12 个人曾在月球表面漫步。尼尔·阿姆斯特朗于 1969 年 7 月 21 日登上月球，他是第一个登上月球的人。最后一个是尤金·塞尔南，他于 1972 年 12 月 14 日登上月球。

先驱者11号　12亿千米　飞掠土星　1979年（美国）

先驱者10号　8.93亿千米　飞掠木星　1973年（美国）

金星7号　3820万千米　登陆金星　1970年（苏联）

阿波罗11号　38.4万千米　载人宇宙飞船，登陆月球　1969年（尼尔·阿姆斯特朗，巴兹·奥尔德林，美国）

东方1号　327千米　第一艘载人宇宙飞船　1961年（尤里·加加林，苏联）

"斯普特尼克号"地球轨道卫星　945千米　1957年（苏联）

火星2号　5500万千米　登陆火星　1972年（苏联）

水手10号　7700万千米　飞掠水星　1974年（美国）

哈勃太空望远镜　550千米　地球轨道　1990年（美国）

国际空间站　350千米　地球轨道　1998年（多国共同建造和运营）

203

8.11 时代的变迁

过去60年里，生活已经发生了翻天覆地的变化，也有许多东西并没有变。近些年来，以互联网为平台的企业和雇主飞速增长，对于雇员来说，通信技术和更加便利的交通使上班变得容易了。

在20世纪50年代的大多数发达国家，家人和家庭是日常生活的基础。一天的生活往往很容易分成三个部分：睡眠、工作和休闲。主要由于医疗条件、营养的改善和生活标准的提高，发达国家的人口平均预期寿命提高了10岁。表面上来看这应该是一件好事，但也存在一些问题。

随着平均预期寿命的增长，人口的平均年龄也在上升。这通常意味着，不工作的人数比例总体上在增加。工作的人负担就会加重，因为他们要养活孩子和退休的人。虽然在发达国家，人们的工作时间基本没有变化，还是每天大约8小时，但由于社交网站、互联网和更好的全球通信，人们真正用于工作的时间显然减少了。

延伸阅读

20世纪50年代，在发达国家中，10%的家庭拥有一部电话。在20世纪50年代中期，发达国家只有不到30%的家庭拥有电视机。而在2010年，超过85%的家庭拥有数字电视机。

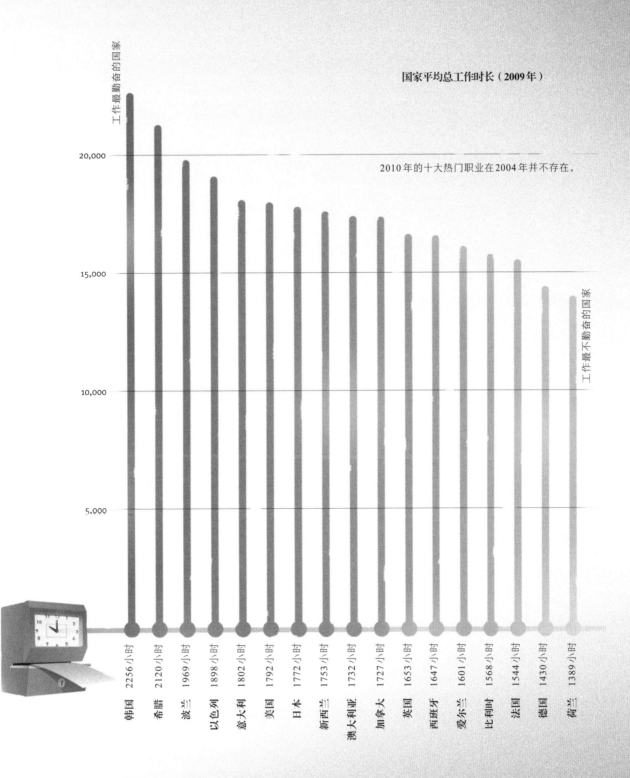

国家平均总工作时长（2009年）

2010年的十大热门职业在2004年并不存在。

工作最勤奋的国家

工作最不勤奋的国家

| 20,000 |
| 15,000 |
| 10,000 |
| 5,000 |

韩国 2256小时
希腊 2120小时
波兰 1969小时
以色列 1898小时
意大利 1802小时
美国 1792小时
日本 1772小时
新西兰 1753小时
澳大利亚 1732小时
加拿大 1727小时
英国 1653小时
西班牙 1647小时
爱尔兰 1601小时
比利时 1568小时
法国 1544小时
德国 1430小时
荷兰 1389小时

8.12 明天向何处去

本书回顾了从宇宙大爆炸一直到今天，地球、人类以及我们的生活方式。我们唯独无从知晓明天将要发生的事情。悲观者预测全球变暖将使大部分地方不适合人类生存，地球上的自然资源将消耗殆尽，人类也将步恐龙的后尘，终将被别的物种取代。乐观者看到的是人类在相对短暂的时期内在地球上成就的伟业，因此认为无论如何，人类总会继续下去，或者整体迁徙到另一颗星球，或者找到可以替代化石燃料的清洁能源，以及在不破坏氧气之源——热带雨林的前提下，供养不断增长的人口。

自137亿年前那从无到有的瞬间开始，我们人类已经走过了漫长的旅程，但是我们并不知道究竟走到旅程的什么位置。有句陈词滥调说，如果地球的寿命是24小时，我们已经处在23小时59分59秒的时刻。但是，没人知道是否真的如此。

作为一个物种，我们不知道明天会发生什么，但我们有能力决定将要发生的事情。这正是我们与地球上其他生命的重要区别。我们能够做出影响一切的决定，但我们能为了达到理想的结果而克服我们的弱点吗？

选择权在你，但它会影响每个人的未来。

延伸阅读

世界上平均每天消耗8500万桶石油，一桶有158.9升，因此相当于每人每天消耗2升石油。

未来希望（或不希望）看到的事

人体干细胞研究

数字化

森林可持续

免费能源

克隆

绿色城市

延长预期寿命

单一的全球货币

第三世界的城市化

清洁煤炭

机器人

物种灭绝

核能

虚拟现实

人口增加

冰盖融化

水位上升

气候变化

量子计算机

全球债务增加

可持续的鱼类种群

生物燃料

延长寿命

人工智能

数据隐私

垃圾填埋场

立方体芯片

全球变暖

太阳能

风能

无退休年龄

雨林消失

网络空间

100%宽带使用率

火星移民

外星生物

出版后记

本书是引进版图书，原版书于2011年由英国Portico公司出版。作者是英国人丹尼尔·塔塔尔斯基（Daniel Tatarsky），史蒂夫·罗素（Steve Russell）为本书制作了各种插图。

它是一本小书，200余页，文字不多，配有大量插图。但它又是一本大书，书如其名，《关于世界的一切》，真的是一本"关于世界的一切"的书。虽然有点夸大其词，但它的确包罗万象：时间上，上至宇宙大爆炸，下迄当今时代；空间上，小到肉眼看不见的细胞，大到人类科技所能探测到的浩瀚宇宙；学科方面，讲了很多学科的知识，很多是跨学科的，还包括一些比较新的研究成果。在表现形式上，本书依据大脑在处理文字和图片时的不同工作机制，采用了简短文字再配上各种图表的方式，正如作者在前言中所说："我们在本书中使用的正是图文并茂的'二分法'！每一页中的重要信息都附有图表来解释说明，可谓是利用了一切可以利用的生动方式来呈现。"

为了让读者更好地阅读本书，在此对本书做以下两点说明。

第一，此书写作、出版已经过去一段时间，叙述人类社会变化时使用的一小部分数据体现了写作当时世界的真实情况，但当今世界飞速发展、日新月异，今天的情况与之前已有不同；作者的写作和在当时对未来的一些展望，也受到时代的局限，这些作者预测的"未来"情况和我们当下目之所及的实际情况有差距，有的甚至正在发生……针对这种情况，编者对其中一些数据，尤其是涉及中国的一些数据，用页下注的方式做了更新说明。

第二，本书作者是英国人，更多地关注西方的内容，对东方及西方之外的社会的成就关注不多。比如，5.3"视觉艺术"、5.4"音乐"、5.5"经典好书"、6.7"影响世界的历史人物"、7.12"科学和医学的辉煌时刻"，以西方成就为主，但这也从另一维度让我们更好地了解了我们之外的世界。

一言以蔽之，瑕不掩瑜。如前所述，把这些范围广博而复杂的内容，以简单的方式呈现出来，是难能可贵的。它可以极大地丰富读者，尤其是青少年读者的知识，开阔他们的视野。这既是本书的出版价值所在，同时，对于编辑出版工作者来说，这也是一个巨大的挑战和考验。所以，尽管编者竭尽所能，难免仍有一些纰漏、讹误，在此真诚地希望读者对本书不足之处加以批评指正。

著作权合同登记号　图字：11-2022-241

Originally published in the English language by Pavilion Books under the title Everything You
Need To Know About Everything You Need to Know About by Daniel Tatarsky
Copyright © 2011 Pavilion Books
First published in the United Kingdom in 2011 by Pavilion Books,
an imprint of Harper Collins Publishers Ltd
本书中文简体版权归属于银杏树下（北京）图书有限责任公司

图书在版编目（CIP）数据

关于世界的一切 / (英) 丹尼尔·塔塔尔斯基著；
(英) 史蒂夫·罗素绘；陈冰格, 邢艳梅译. -- 杭州：
浙江科学技术出版社, 2023.7（2024.1重印）
ISBN 978-7-5739-0646-5

Ⅰ. ①关… Ⅱ. ①丹… ②史… ③陈… ④邢… Ⅲ.
①自然科学—普及读物 Ⅳ. ①N49

中国国家版本馆CIP数据核字(2023)第086332号

书　　名　关于世界的一切
著　　者　［英］丹尼尔·塔塔尔斯基
绘　　者　［英］史蒂夫·罗素
译　　者　陈冰格　邢艳梅

出版发行　浙江科学技术出版社
　　　　　　杭州市体育场路347号　　　　　邮政编码：310006
　　　　　　办公室电话：0571-85176593　　销售部电话：0571-85176040
　　　　　　网址：www.zkpress.com　　　　E-mail：zkpress@zkpress.com
印　　刷　北京盛通印刷股份有限公司

开　　本　690mm×910mm　1/12　　印　　张　18⅓
字　　数　200千字
版　　次　2023年7月第1版　　　　　印　　次　2024年1月第2次印刷
书　　号　ISBN 978-7-5739-0646-5　　定　　价　88.00元

出版统筹　吴兴元　　　　　　　　编辑统筹　郝明慧
特邀编辑　汤来先　潘　萌　　　　封面设计　墨白空间·黄海
责任编辑　卢晓梅　　　　　　　　责任校对　张　宁
责任美编　金　晖　　　　　　　　责任印务　叶文炀
营销推广　ONEBOOK